高等职业教育“十四五”规划教材

大气污染控制技术

DAQI WURAN KONGZHI JISHU

董文龙　陈义群◎主编

中国农业大学出版社
China Agricultural University Press
·北 京·

内 容 简 介

大气污染控制技术是高等职业院校环保类专业的一门专业必修课，内容主要涉及大气污染的成因、转化，大气污染物特性及其治理方法等。本着职业性、实用性和实践性的要求，本教材编写过程中坚持以大气污染相关岗位技能要求为基本出发点，以典型工作任务为导引，确定学习内容，重点介绍针对特定废气如何选择合适的处理技术、方法和设备，同时以典型任务为主线设计学习项目，旨在培养学生的大气污染控制职业能力和知识能力。

本教材可作为高等职业院校环保类专业学生的教材，也可供大气污染治理操作及管理岗位技术人员参考。

图书在版编目(CIP)数据

大气污染控制技术 / 董文龙，陈义群主编.--北京：中国农业大学出版社，2023.4
ISBN 978-7-5655-2960-3

Ⅰ.①大… Ⅱ.①董…②陈… Ⅲ.①空气污染控制-高等职业教育-教材 Ⅳ.①X510.6

中国国家版本馆 CIP 数据核字(2023)第 036639 号

书　名 大气污染控制技术
作　者 董文龙　陈义群　主编

策划编辑	张　玉	**责任编辑**	陈颖颖
封面设计	李尘工作室		
出版发行	中国农业大学出版社		
社　址	北京市海淀区圆明园西路 2 号	**邮政编码**	100193
电　话	发行部 010-62733489，1190	读者服务部	010-62732336
	编辑部 010-62732617，2618	出 版 部	010-62733440
网　址	http://www.caupress.cn	**E-mail**	cbsszs@cau.edu.cn
经　销	新华书店		
印　刷	运河(唐山)印务有限公司		
版　次	2023 年 4 月第 1 版　2023 年 4 月第 1 次印刷		
规　格	185 mm×260 mm　16 开本　10.75 印张　265 千字		
定　价	33.00 元		

图书如有质量问题本社发行部负责调换

编写人员

主　编　董文龙　陈义群

副主编　余　颉　翟　建

参　编　干雅平　危海涛
张建明　苏　瑜

前　言

大气污染控制技术是高等职业院校环保类专业的一门专业必修课。本书在编写过程中注意结合环保行业发展趋势和职业教育发展方向，注重思政元素的挖掘与融入，精心设计学习内容，将知识、能力和正确价值观的培养有机结合，满足项目学习、案例学习、模块化学习等不同学习方式要求。党的二十大报告指出：深入推进环境污染防治。坚持精准治污、科学治污、依法治污，持续深入打好蓝天、碧水、净土保卫战。加强污染物协同控制，基本消除重污染天气。本书旨在让读者认识到大气污染控制技术对环境保护的重要性和作用，树立保护和改善大气环境质量的观念；通过学习和实践，学会大气污染物的控制方法，能运用所学知识和技能进行大气污染物处理工艺方案的设计和现场处理工艺的调试及运行管理；通过教学过程中的职业素质养成教育，增强适应职业变化和继续学习的能力，为工作打下坚实的基础，成为具有大气污染处理技术的高技能人才。

本书编写人员均来自职业教育一线，有丰富的教学经验和扎实的专业素养，都参加过全国职业院校技能大赛大气环境监测与治理技术比赛的指导或执裁工作，编写过程中注重将技能大赛的任务内容、操作要求、考核标准、职业技能要求等融于学习内容。

本书共分为8个项目，其中项目一为大气污染控制基础，主要内容为介绍大气与大气污染基础知识、大气污染综合防治及相关标准等；项目二为燃烧过程中污染物的形成，主要内容为燃烧过程中烟气量的计算及主要污染物的形成与控制；项目三为大气扩散浓度估算及厂址选择，主要内容为气象及地理条件对烟气传输扩散的影响，以及烟气中的大气污染物在空气中的稀释扩散浓度的估算等；项目四为颗粒污染物控制技术，主要内容为颗粒污染物的控制方法原理及工艺设备等；项目五为硫氧化物的污染控制技术，主要内容为烟气脱硫的工艺技术、方法原理及脱硫设备等；项目六为固定源氮氧化物污染控制技术，主要内容为烟气脱硝的工艺技术、方法原理及脱硝设备等；项目七为挥发性有机物污染控制技术，主要内容为挥发性有机物污染的控制方法及案例；项目八为净化系统技术，主要内容为工业企业中无组织排放废气的收集、输送及净化处理。

本书编写分工如下：湖北生态工程职业技术学院董文龙老师负责项目一的编写，湖北生态工程职业技术学院余頔老师负责项目二的编写，上海城建职业学院翟建老师负责项目三的编写，山东科技职业学院陈义群老师负责项目四的编写，杭州职业技术学院干雅平老师负责项目五的编写，扬州市职业大学危海涛老师负责项目六的编写，日照职业技术学院苏瑜老师负责项目七的编写，山东科技职业学院张建明老师负责项目八的编写。

由于编者水平有限，本书可能存在疏漏，敬请读者批评指正。

编　者

2023 年 2 月

目 录

项目一　大气污染控制基础

项目内容及要求：

人是靠呼吸空气生存的，要是空气中混进有毒害的物质，毒物会随空气不断地被吸入肺部，最后通过血液遍布全身，对人体健康产生危害。大气污染对人的影响不同于土壤和水的污染，它不仅时间长且范围广（较多是地域性的，也有全球性的）。20 世纪 30 年代至 60 年代，地球上发生的八大“公害事件”，其中有五起是因大气污染造成的。当然，造成空气污染的原因不只有人类的活动，还有像森林火灾和火山爆发一类的自然事件。

知识目标：

1.了解大气组成与大气圈结构及分层特点；
2.掌握大气污染物、大气污染类型、大气污染源的概念；
3.熟悉主要大气污染物的危害和来源；
4.了解大气污染相关国家标准；
5.掌握空气质量分指数的计算。

能力目标：

1.能区分污染物的类型及主要污染物；
2.能知道不同污染物对人体、植物的危害；
3.知道我国环境空气质量标准体系；
4.会进行空气污染指数评价，从而对空气质量进行评价。

任务一　认识大气与大气污染

一、大气结构及组成

（一）大气圈结构

大气（atmosphere）是指包围地球的所有空气的总和。大气层又称大气圈，它因重力关系而围绕着地球转动，是地球最外部的气体圈层，包围着海洋和陆地。大气圈的最外层没有确切的界限，但也不能认为大气圈是无限的，一般情况下认为，从地球表面到 1 000～1 400 km 的气层是大气圈的厚度，超出 1 400 km 以外气体非常稀薄，是宇宙空间。

大气在垂直方向的分布是极不均匀的，1962 年世界气象组织（WMO）根据大气温度随高度垂直变化的特征，将大气分为对流层、平流层、中间层、热层、散逸层。其中，对人类及生物生存起着重要作用的是近地面约 10 km 内的气体层——对流层（troposphere），人们常称这层气体为空气层（air）。可见，空气的范围比大气小得多，但空气层的质量却占大气总质量的 95% 左右。环境空气（ambient air）是指人类、植物、动物和建筑物暴露于其中的室外空气，环境空气是一种资源，而且是一种可更新的资源。

通常所说的空气（air），常作为大气（atmosphere）的同义词，二者没有实质性的差别。但在研究近地层的空气污染规律及对空气质量进行评价时，为便于说明问题，有时两个名词分别使用。一般习惯上将供人类和动植物活动的某个场所的空气环境称为空气。在大气物理、大气气象、自然地理以及环境科学研究中，常常是以大区域或全球性的气流作为研究对象，常用“大气”一词。

（二）大气组成

对流层大气是多种气体的混合物，由干洁空气、水汽、悬浮颗粒组成（表 1-1）。干洁空气中各个组成成分在自然状态下是基本不变的，水汽和悬浮颗粒随时间、地点和气象条件而变化，因此，对流层大气又可分为恒定组分、可变组分及不定组分（图 1-1）。

表 1-1　对流层大气主要组成及其作用

对流层大气组成			主要作用
干洁空气	主要成分	N_2	生物体的基本成分
		O_2	维持生物活动必需的物质
	次要成分	CO_2	植物光合作用的原料；对地面保温
		O_3	吸收紫外线，使地球上的生物免遭过量紫外线的伤害
水汽			产生云、雨、雾等天气现象；影响地面和大气温度
悬浮颗粒			作为凝结核，是成云致雨的必要条件

恒定组分：氮、氧、氩、氖、氦、氪等在大气中的气体，这一组分的比例在地球表面任何地方都是稳定不变的。

可变组分：二氧化碳、水汽等组分在大气中的含量随季节、气象的变化以及人们的生产、生活活动的影响而发生变化。比如水汽，一般是夏天多于冬天，低纬度多于高纬度；悬浮颗粒，一般是陆地上多于海上，城市多于乡村，早晨和夜晚多于午后，冬季多于夏季。

不定组分：人类社会的人口剧增、工业化、城市建设等行为使大气中增加了某些不定组分，大气中含有的不定组分的种类和多少由地区的条件而定。

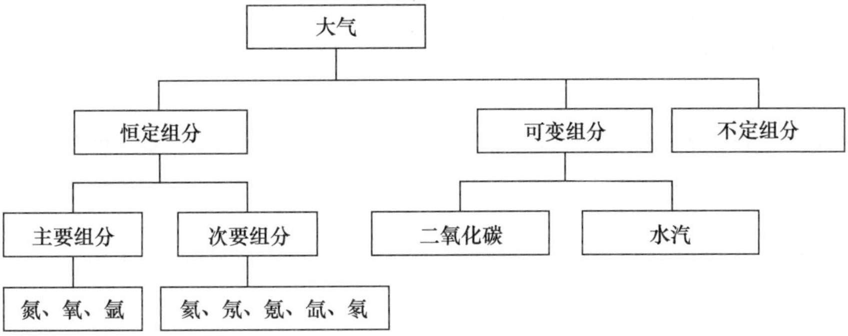

图 1-1 对流层大气组分

二、大气污染和大气污染物

(一)大气污染及分类

1.大气污染的定义

国际标准化组织(ISO)对大气污染的定义:指自然界中局部的职能变化及人类的生产和生活活动改变大气圈中某些原有成分和向大气中排放有毒害物质,以致大气质量恶化,影响原来有利的生态平衡体系,严重威胁着人体健康和正常工农业生产,并对建筑物和设备财产等造成损坏。

另一定义:由于人类活动或自然过程产生某些物质进入大气中,当其浓度超过环境所能允许的极限并持续一段时间后,破坏自然的物理、化学和生态平衡体系,危害人们的生活、工作和健康,损害自然资源及财产、器物等,这种现象称为大气污染。其中,人类活动是人为因素,包括生产活动和生活活动,如燃料燃烧、工业生产、交通运输、核试验等。自然过程是自然因素,包括火山爆发、山林火灾、海啸、土壤和岩石风化等自然现象。

2.大气污染源

由定义可知,大气污染的形成需具备以下四个条件:①污染源;②大气圈;③复杂地形;④受污染者。其中污染源是我们需要重点控制和关注的对象。

大气污染源一般有四种分类方法。①按污染源存在的形式划分为:固定污染源,如工厂的排烟与排气;移动污染源,如汽车、机车等。②按污染源排放方式划分为:高架源,如污染物通过烟囱排放;面源,如通过采矿工作面排放;线源,如汽车、机车行驶排放。③按污染源排放时间划分为:连续源,污染物连续排放;间断源,污染物时断时续排放;瞬时源,污染物短暂排放。④按污染源产生的类型划分为:工业污染源,由工矿企业排放;家庭炉灶,由城市居民燃烧化石燃料做饭取暖等排放;汽车排气,由汽车、火车、飞机等交通工具排放。进行大气质量评价适宜用第一种分类法,研究扩散适宜用第二种分类法,分析污染物排放时间规律适宜用第三种分类法,解决污染物、控制污染物适宜用第四种分类法。

3.大气污染的分类

(1)大气污染按照影响范围可分为:局部地区污染,即局限于小范围的大气污染,如受到某些烟囱排气的直接影响;地区性污染,即涉及一个地区的大气污染,如工业区及其附近地区或整个城市的大气受到污染;广域性污染,即涉及比一个地区或大城市更广泛地区的大气污染;

全球(或国际)性污染,即涉及全球范围的大气污染。

(2)根据大气污染物的化学性质及其存在的大气状况,可将大气污染划分为还原型污染和氧化型污染。

①还原型污染。多发生于以煤炭为主要燃料且兼用石油的地区,故又叫煤烟型污染,主要污染物是 SO_2、NO_x(氮氧化合物)、CO 和颗粒物。在低温、高湿、弱风的阴天,特别是伴有逆温存在时,这些一次污染物容易在低空聚集,形成还原性烟雾,引发污染事故。如早期发生在英国的"伦敦烟雾"就属于此类情况,所以这种大气污染类型也称伦敦烟雾型。

②氧化型污染。多发生在以石油为主要燃料的地区,污染物主要来自汽车尾气,故又叫石油型污染或汽车尾气型污染,其主要的一次污染物是 CO、NO_x、CH(碳氢化合物)等。在相对湿度较低的夏季晴天,交通污染严重的地区,一次污染物容易在太阳短波光作用下发生光化学反应,生成醛类、O_3、PAN(过氧乙酰硝酸酯)等二次污染物,这些污染物具有极强的氧化性,对眼睛黏膜组织有强刺激性,使人流泪,即典型的二次污染——光化学烟雾。著名的洛杉矶烟雾就是典型的氧化型大气污染。

(3)根据燃料性质、大气污染物组成和反应,可将大气污染划分为煤炭型、石油型、混合型和特殊型四种类型。

①煤烟型污染。主要污染源是燃煤,主要污染物是由煤炭燃烧时放出的烟气、粉尘、SO_2 等构成的一次污染物,以及由这些污染物发生化学反应而生成的硫酸、硫酸盐类气溶胶等二次污染物。造成这类污染的污染源主要是工业企业烟气排放物,其次是家庭炉灶等取暖设备的烟气排放。

②石油型污染。也称汽车尾气型污染,污染源主要是机动车(汽油车和柴油车)和机动船,主要污染是汽车尾气、石油冶炼及石油化工厂的废气排放的 CO、NO_x、CH 等,以及它们在大气中形成的 O_3、大气自由基及生成的一系列中间产物与最终产物。

③ 混合型污染。主要污染物是以煤炭为燃料排放的烟气、粉尘、SO_2 及其他氧化物所形成的气溶胶,以石油为燃料排放的烯烃和 NO_2 为主的化合物,以及从工厂企业排出的各种化学物质等。此类污染,其反应更为复杂。如 O_3 和烯烃反应生成的过氧化氢自由基等氧化物,可大大增加 SO_2 的氧化速率。

④ 特殊型污染。特殊型污染是指有关工厂企业排放的特殊气体所造成的污染。这类污染常限于局部范围之内,主要产生于工厂生产过程中排出和发生意外事故释放的废气,如生产磷肥企业排放的特殊气体引起的氟污染、铝碱工业周围形成的氯气污染等。

(二)大气污染物及分类

大气污染物是指由于人类活动或者自然过程排入大气,对人和大气产生有害影响的物质。

大气污染物的种类很多,按其形成过程可分为一次污染物和二次污染物。

一次污染物指直接从污染源排到大气中的原始污染物质。可分为:非反应物质,其性质较稳定;反应性物质,性质不稳定,在大气中常与某些其他物质产生化学反应或作为催化剂促进其他污染物产生化学反应。一次污染物主要有 SO_2、H_2S、NO、NH_3、CO、CO_2、HF、HCl、C_1~C_{12}化合物。

二次污染物是指由一次污染物与大气中已有组分或几种一次污染物之间经过一系列化学反应或光化学反应生成的与一次污染物性质不同的新污染物质,其毒性比一次污染物强。

在大气污染控制中,受到普遍重视的一次污染物主要有硫氧化物、氮氧化物、碳氧化物以及碳氢化物等。受到普遍重视的二次污染物主要是硫酸烟雾和光化学烟雾。

大气污染物按其存在状态可分为:气溶胶状态污染物,气体状态污染物。在大气污染中,气溶胶系指固体粒子、液体粒子或它们在气体介质中的悬浮体。气体状态污染物是以分子状态存在的污染物,简称气态污染物。

1.气溶胶状态污染物

大气气溶胶指除气体之外的所有包含在大气中的物质,为固体、液体或混合体,详见表1-2。

表 1-2 气溶胶形态及其主要形成特征

形态	分散质	粒径/μm	形成特征	主要效应
轻雾	水滴	>40	雾化、冷凝过程	净化空气
浓雾	液滴	<10	雾化、蒸发、凝结和凝聚过程	降低能见度,有时影响人体健康
粉尘	固体粒子	>1	机械粉碎、扬尘、煤燃烧	能形成水球
烟尘	固、液微粒	0.01~1	蒸发、凝聚、升华等过程,一旦形成很难再分散	影响能见度
烟	固体微粒	<1	升华、冷凝、燃烧过程	降低能见度,影响人体健康
烟雾	液滴、固体微粒	<1	冷凝过程、化学反应	同上
烟炱	固体微粒	<0.5	燃烧过程、升华过程、冷凝过程	影响人体健康
霾	液滴、固粒	<1	凝聚过程、化学反应	湿度小时有吸水性,其他同烟

大气气溶胶中各种粒子按其粒径大小,又可分为:

(1)总悬浮颗粒物(TSP):用标准大容量颗粒采样器(流量在 1.1~1.7 m^3/min)在滤膜上所收集到的颗粒物,常用颗粒物的总质量表示。其粒径大小基本在 100 μm 以内,其中多数在 10 μm 以下。它是分散在大气中的各种离子的总称,也是大气质量评价重要污染指标之一。

(2)飘尘:能在大气中长期飘浮的悬浮物。其粒径主要是小于 10 μm 的微粒。飘尘粒径小,能被人直接吸入呼吸道内造成危害,而且它能在大气中长期飘浮,易将污染物带到很远的地方,使污染范围扩大,同时在大气中还可为化学反应提供反应床。因此,飘尘是从事环境科学工作者所关注的研究对象之一。

(3)降尘:用降尘罐采集到的大气颗粒物。在总悬浮颗粒物中一般直径大于 30 μm 的粒子,由于其自身的重力作用会很快沉降下来,将这部分微粒称为降尘。单位面积的降尘量可作为评价大气污染程度的指标之一。

(4)可吸入颗粒物(PM_{10}):指悬浮在空气中,粒子直径≤10 μm 的颗粒物。

(5)细颗粒物($PM_{2.5}$):指悬浮在空气中,粒子直径≤2.5 μm 的颗粒物。

2.气体状态污染物

气体状态污染物是以分子状态存在的污染物,简称气态污染物。气态污染物的种类很多,总体上可分为五大类：以 SO_2 为主的含硫化合物，以 NO、NO_2 为主的含氮化合物，含碳化合物，有机化合物及卤素化合物，详见表 1-3。下文介绍其中的几类。

表 1-3　气体状态污染物的总分类

污染物	一次污染物	二次污染物
含硫化合物	SO_2、H_2S	SO_3、H_2SO_4、MSO_4
含氮化合物	NO、NH_3	NO_2、HNO_3、MNO_3
含碳化合物	CO、CO_2	无
有机化合物	C_1～C_{10}化合物	醛、酮、PAN
卤素化合物	HF、HCl	无

(1)含硫化合物

主要指 SO_2、SO_3 和 H_2S，其中 SO_2 是目前大气污染物中数量较大、影响范围广的一种气态污染物，它是大气污染的主要指标。

含硫化合物主要来源于化石燃料燃烧以及含硫化物矿石的燃烧、冶炼等过程。在湿度大的情况下，含硫化合物最终被氧化形成硫酸，是形成酸雨的主要来源。

(2)含氮化合物

含氮化合物中的 NO、NO_2、N_2O、N_2O_3、N_2O_4、N_2O_5 等，总起来用氮氧化合物 NO_x 表示。造成大气污染的 NO_x 最主要是 NO 和 NO_2。NO 毒性不太大，但进入大气后可被缓慢地氧化成 NO_2，当大气中有 O_3 等强氧化剂存在时，或在催化剂作用下，其氧化速度会加快。NO_2 的毒性约为 NO 的 5 倍，当 NO_2 参与大气中的光化学反应，形成光化学烟雾后，其毒性更强。

氮氧化合物主要来源于各种炉窑、机动车和柴油机的排气，其次是化工生产中的硝酸生产、硝化过程、炸药生产及金属表面处理等过程，其中燃料燃烧产生的 NO_x 约占 83%。

(3)含碳化合物

大气中的含碳化合物主要为碳氧化物，主要有 CO 和 CO_2，CO_2 是空气中的正常组成成分，CO 是大气中排放量极大的污染物，主要来自燃料的燃烧和加工、汽车排气。

CO 主要是由含碳化合物不完全燃烧产生的无色无味无刺激性的有毒气体，是大气污染物中散布最广的一种，其全球排放量可能超过所有其他主要气体污染物的总排放量，是形成光化学烟雾的主要参与者。CO_2 本身无毒，但当其在大气中的浓度过高时，使氧气含量相对减少，对人会产生不良影响，如心悸、恶心等；地球上 CO_2 浓度的增加，对气候的影响是能产生"温室效应"，导致全球气候变暖。

(4)有机化合物

有机化合物种类很多，从甲烷到长链聚合物的烃类。碳氢化合物是自然界中必不可少的物质，主要指烷烃、烯烃和芳香烃等具有挥发性的有机物，它们主要是由碳原子和氢原子组成。碳氢化合物主要来源于自然界植物分解及燃料燃烧、机动车排气、石油炼制和有机化工生产等。

大气中的挥发性有机化合物(VOC_s)，它不完全等同于严格意义上的碳氢化合物，因为它除含有碳和氢原子外，还常含有氧、氮和硫的原子。

(5)硫酸烟雾

硫酸烟雾是大气中的 SO_2 等硫化物，在有水雾、含有重金属的悬浮颗粒物或氮氧化物存在时，发生一系列化学或光化学反应而生成的硫酸雾或硫酸盐气溶胶。硫酸烟雾引起的刺激作用和生理反应危害要比 SO_2 气体大得多。

(6)光化学烟雾

光化学烟雾是在阳光照射下，大气中的氮氧化物、碳氢化合物和氧化剂之间发生一系列光化学反应而生成的蓝色烟雾(有时带些紫色或黄褐色)，即生产二次污染物。光化学烟雾的刺激性和危害要比一次污染物强烈得多。造成光化学烟雾的起始物是 NO_2，形成条件是阳光照射，空气中存在碳氢化合物。大气中的一次污染物如汽车、工厂等排放的燃烧生成物和未燃烧物质经过太阳光的照射，各种污染物之间发生反应形成光化学烟雾。其主要成分有臭氧、过氧乙酰硝酸酯、酮类、醛类及活性很强的许多自由烃、氮类氧化物等。

三、大气污染概况

(一)国外大气污染概况

各发达的工业国家的大气污染，大致可分为三个阶段：

第一阶段：从 18 世纪末到 20 世纪中，大气污染状况随着工业的发展而发展，主要污染物是烟尘、SO_2 等，是燃煤引起的所谓煤烟型污染。

第二阶段：在 20 世纪 50 至 60 年代，工业高速发展，汽车数量倍增，使能源消耗特别是石油消耗剧增，发展成为所谓石油型污染。飘尘尤其是重金属、SO_2、NO_x、CO 和 HC 等大气污染物普遍存在，造成了厂域的复合污染。闻名世界的英国伦敦烟雾、日本四日市气喘病、美国洛杉矶烟雾等一系列大气污染典型事件，皆发生在这一时期。

第三阶段：自 20 世纪 70 年代以来，各国花费了大量人力、物力和财力，经过严格控制，综合治理，取得了显著成效，环境质量明显改善。但是，由于汽车数量不断增加，NO_x、HC 和光化学烟雾等的污染仍是较严重的。

(二)我国大气污染概况

我国是世界上大气污染状况较严重的国家之一。我国的主要大气污染物是烟尘和 SO_2，说明煤烟型污染是我国城市大气污染的普通问题；我国北方城市大气污染程度比南方城市严重，冬季比夏季严重。根据国家统计局《中国统计年鉴 2018》所统计的 2017 年数据观察发现，2017 年全国废气总量中 NO_x 排放量最多，达 1 258.83 万 t，超出 SO_2 排放量 43.8%，超出烟(粉)尘排放量 58.1%；SO_2 排放量与烟(粉)尘排放量差距不大，SO_2 排在第 2 位，排放量为 875.4 万 t；烟(粉)尘排第 3 位，排放量为 796.26 万 t。从排放总量看，NO_x 是主要污染物，为大气污染防治的主要矛盾点，应着力整治。同时，SO_2 与烟粉尘也不容忽视。

近年来，我国以前所未有的力度狠抓生态文明建设，大力实施污染减排，推动绿色高质量发展。随着“大气污染防治行动计划”“蓝天保卫战三年行动计划”“重点行业挥发性有机物综合治理”等一系列大气污染防治政策的相继实施，全国环境空气质量得到大幅度改善，优良天数比例不断上升，重污染天气比例不断下降。

任务二　大气污染的危害及综合防治

一、大气污染的危害

大气污染物对人体健康、植物、器物和材料，以及大气能见度、气候皆有重要的影响。

(一)对人体健康的影响

大气污染侵入人体的途径主要有三条：表面接触、食入含有污染物的食物和水、吸入被污染的空气，其中以第三条途径最为重要。

大气污染物对人体神经系统、呼吸系统都有极大的危害，严重时可致人死亡。如在高浓度污染物的突然作用下，人体可发生急性中毒，甚至在短时间内死亡；长期接触低浓度污染物，会引起支气管炎、支气管哮喘、肺气肿和肺癌等病症。健康成人暴露在 50×10^{-6} mg/m^3 的 NO_2 中 1 min 会感到呼吸困难，暴露在 80×10^{-6} mg/m^3 的 NO_2 中 3 min 会感到胸痛、恶心，当 NO_2 浓度上升到$(100\sim150)\times10^{-6}$ mg/m^3 时，在 30～60 min 便会死亡，当 NO_2 浓度上升到 250×10^{-6} mg/m^3 时，会很快死亡。

主要大气污染物的危害如下：

1.颗粒物

颗粒物对人体健康的危害，主要取决于颗粒物的浓度和在其中暴露时间长短。相关研究表明，因上呼吸道感染、心肺病、支气管炎、气喘、肺炎、肺气肿等疾病而到医院就诊的人数与大气中颗粒物浓度的增加是正相关的；暴露在合并有其他污染物的颗粒物中所造成的健康危害要比分别暴露在单一污染物中严重得多。

颗粒物危害人体健康的另一重要因素是颗粒物粒径大小。一般地说，粒径在 100 μm 以上的尘粒会很快在大气中沉降，10 μm 以下的尘粒可以滞留在呼吸道中；5～10 μm 的尘粒大部分会在呼吸道沉积，被分泌的黏液吸附，可以随痰排出；小于 5 μm 的颗粒可直达肺部，对人类健康威胁最大；直径 0.01～0.1 μm 的尘粒，50%以上将沉积在肺腔中，引起各种尘肺病。

大气中粉尘的其他危害作用可简略归纳如下：

(1)遮挡阳光，使气温降低，或形成冷凝核心，使云雾和雨水增多，以致影响气候(阳伞效应)。

(2)使能见度降低，交通不便，航空与汽车事故增多。

(3)某些飘尘如石棉、多环芳烃为致癌物，某些重金属微粒对人体也有很强的毒害作用，如：汽油中的防爆剂四乙基铅，排入大气后分布很广，毒害作用很大，铅中毒的症状是脑神经麻木和慢性肾病，严重时使人死亡。

2.硫氧化物

主要是 SO_2，SO_2 是一种无色的刺激性气体，腐蚀性很强，会严重刺激人的呼吸系统，使人出现咳嗽、嗓子疼、胸闷和感到呼吸受阻，刺激腐蚀人的肺部，可以造成肺气肿和支气管炎，并加重哮喘病情，严重时使人死亡。一般认为，空气中的 SO_2 浓度在 1.43 mg/m^3 以上时，对人体健康就有某种潜在影响，2.86～8.57 mg/m^3 时多数人开始受到刺激，28.57 mg/m^3 时刺激加剧，个别人还会出现严重的支气管痉挛。SO_2 还能形成酸雨、硫酸烟雾、硫酸盐粉尘，对人类和各种结构的材料造成很大危害。

3.氮氧化物

氮氧化物的主要危害有：氮氧化物可以转化为硝酸，是形成酸雨的主要物质之一；氮氧化物是形成光化学烟雾的重要物质；氮氧化物是消耗臭氧的重要因子；NO_2 对人有生理刺激和腐蚀作用，是引起城市居民产生急性呼吸道病变的一种原因；可腐蚀织物、材料，破坏染料，使其褪色；危害植物，使其组织受害而落叶，甚至枯萎。

4.一氧化碳

一般空气中的一氧化碳水平对植物及有关的微生物无害，但对人体有害，因为它能与血红蛋白结合生成碳氧血红蛋白，阻碍体内氧气的传输，引起缺氧中毒。当人暴露于高浓度（>937.50 mg/m^3）的 CO 中就会导致死亡。

5.光化学氧化剂及光化学烟雾

氧化剂、臭氧、过氧乙酰硝酸酯、过氧苯酰硝酸酯和其他能使碘化钾的碘离子氧化的痕量物质，都称为光化学氧化剂。光化学烟雾的危害如下：

(1)刺激眼睛。

(2)臭氧引起胸部压缩，刺激黏膜，头痛、咳嗽、疲倦等症状。

(3)引起哮喘，毁坏植物。

(4)臭氧能损坏有机物质，如橡胶、棉布、尼龙和聚酰等。

6.有机化合物

城市大气中有很多有机化合物是可疑的致变物和致癌物，包括卤代甲烷、卤代乙烷、卤代丙烷、氯烯烃、氯芳烃、芳烃、氧化产物和氮化产物等。特别是多环芳烃（PAHs）类大气污染物，大多数有致癌作用，其中苯并芘是强致癌物质。苯并芘主要通过呼吸道侵入肺部，并引起肺癌。实验数据表明，肺癌与大气污染、苯并芘含量的相关性显著。从世界范围看，城市肺癌死亡率约比农村高 2 倍，有的城市高达 9 倍。

（二）对植物的伤害

大气对植物的伤害，通常发生在叶子结构中，这是因为叶子含有整棵植物的构造机理。最常遇到的毒害植物的气体是 SO_2、O_3、PAN、HF、C_2H_4、HCl、NH_3。大气污染物能损害植物酶的功能组织；影响植物新陈代谢的功能；破坏原生质的完整性和细胞膜。此外，还会损害根系生长及其功能；减弱输送作用与导致生物产量减少。

1.SO_2

SO_2 对叶子的危害首先是对叶肉海绵状软组织部分，其次是对栅栏细胞部分。SO_2 进入气孔，叶肉中的植物细胞使其转化为亚硫酸盐，继而变成硫酸盐；当过量的 SO_2 存在时，植物细胞就不能尽快地把亚硫酸盐转化为硫酸盐，并开始破坏细胞。

2.O_3

O_3 对植物的伤害主要是入侵叶肉中的栅栏细胞区，造成叶子细胞结构瓦解，叶子表面出现浅黄色或棕红色斑点。

3.PAN

PAN 侵害叶子气孔周围空间的海绵状薄壁细胞。例如，牵牛花的有害阈值为 0.06 mg/m^3、暴露时间为 6 h；幼叶对 PAN 最敏感。

4.HF

HF 对植物的伤害是一种累积性毒害，即使暴露在极低的浓度中，植物也会最终把氟化物累积到足以损害其叶子组织的程度；最早出现的影响表现为叶尖和叶边呈烧焦状。

5.C_2H_4

C_2H_4 在 0.001 25～0.63 mg/m^3 就能使敏感的植物受到损害，对植物的影响包括使花朵凋落和叶子不能很好地舒展。

（三）对器物和材料的影响

大气污染可使建筑物、桥梁、文物古迹和暴露在空气中的金属制品及皮革、纺织等物品发生性质的变化，造成直接和间接的经济损失，这种损害包括玷污性损害和化学性损害两个方面。

玷污性损害主要是粉尘、烟等颗粒物落在器物表面或材料中造成的，有的可以通过清洗除去，有的则很难清除。化学性损害是指由于污染物的化学作用，器物和材料腐蚀或损害。化学性损害主要是由于颗粒物的腐蚀性或惰性颗粒物进入大气后吸收或吸附腐蚀性化学物质而产生直接的化学损害。例如，大气中的 SO_2、NO_x 及其生产的酸雾、酸滴等，能使金属表面产生严重的腐蚀，使纺织品、纸品、皮鞋制品等腐蚀破坏，使金属涂料变质；再如，光化学氧化剂中的臭氧，会使橡胶绝缘性能寿命缩短，所有氧化剂都能使纺织品发生不同程度的褪色。

（四）对大气能见度的影响

大气能见度：在指定的方向上仅能用肉眼看见和辨认的最大距离。大气污染最常见的后果之一是大气能见度降低。

对大气能见度或清晰度有影响的污染物是气溶胶粒子、能通过大气反应生成气溶胶粒子的气体或有色气体，主要包括：①总悬浮颗粒物（TSP）；②SO_2 和其他气态含硫化合物，这些气体在大气中以较大的反应速度生成硫酸盐和硫酸气溶胶粒子；③NO 和 NO_2，在大气中反应生成硝酸盐和硝酸气溶胶粒子，在某些条件下，红棕色的 NO_2 会导致烟羽和城市霾云出现着色现象；④光化学烟雾，这类反应生成亚微米级的气溶胶粒子。

大气能见度的降低主要是由大气中微粒对光的散射和吸收作用造成的；粒径处于 0.1～1 μm 的亚微米级范围内的固体和液体粒子对能见度影响很大。如果假设光的衰减只是由微粒散射造成的，微粒为尺寸相同的球体，且分布均匀，则能见度可按如下近似方程估算：

$$L = \frac{2.6\rho d}{K}$$

式中，ρ——颗粒的密度，kg/m^3；

d——颗粒直径，μm；

K——散射率，即受颗粒作用的波阵面积与颗粒面积之比。

(五)对气候的影响

大气污染发展至今已超越国界,其危害遍及全球,对全球大气的影响明显表现为三个方面:一是臭氧层破坏,二是酸雨腐蚀,三是全球气候变暖。如二氧化碳等温室气体的增多会导致地球大气增暖,导致全球天气灾害增多;又如烟尘等气溶胶粒子增多,使大气混浊度增加,减弱太阳辐射,影响地球长波辐射,可能导致气候异常。

二、大气污染综合防治

大气污染控制是一项综合性很强的技术,影响大气环境质量的因素很多,所以在建设前必须进行全面环境规划,采取区域性综合防治措施。大气污染的控制途径主要有控制污染源,改革工艺,进行合理的工业布局;控制污染源之后排放的污染物,应用各种各样的治理技术;走综合防治的途径。

大气污染的综合防治,实质上就是对多种大气污染控制技术方案的技术可行性、经济合理性、实施可能性和区域适应性等做最优化选择和评价,从而得出最优的控制技术方案和工程措施,达到整个区域的大气环境质量控制标准。

综合防治即从全局出发,综合考虑生产生活等方面的诸因素,围绕经济社会发展目标,运用多学科、多途径、多种手段进行防治,达到经济效益和环境效益的统一。

综合防治的基本原则是防与治相结合,以防为主;回收资源与净化处理相结合,以回收资源为主;企业治理与区域治理相结合;人工净化与自然净化相结合。大气污染综合防治措施如下:

(一)全面规划、合理布局

区域环境规划是区域经济和社会发展规划的重要组成部分。它一是解决区域的经济发展和环境保护之间的矛盾;二是对已造成的环境污染和环境问题,提出改善和控制污染的最优化方案。因此,做好城市和大工业区的环境规划设计工作,采取区域性综合防治措施,是控制环境污染(包括大气污染)的一个重要途径。

现在我国及各工业国家都规定,在兴建大中型工业企业时,要先做环境影响评价,提出环境质量评价报告书,论证该地区是否能建厂,应采取的环境保护措施,以及建厂后对未来环境可能造成的影响。

(二)严格环境管理

完整的环境管理体制是由环境立法、环境监测机构和环境保护管理机构组成的。我国的环境管理体制正在逐步建立和完善。1979 年颁布了《中华人民共和国环境保护法(试行)》,之后又逐步发布了各种环境保护方面的条例、规定和标准。与此同时,从中央到地方以至各工业企业,也逐步建立了相应的环境保护管理机构及环境监测中心、站、点,为环境法的实施和严格环境管理提供了保证。

(三)控制大气污染的技术措施

(1)改革生产工艺,实施清洁工艺。

(2)实施可持续发展的能源战略。

(3)建立综合性工业基地。

(4)对 SO_2 实施总量控制。

(四)控制环境污染的经济政策

(1)保证必要的环境保护设施的投资。

(2)实行"污染者和使用者支付原则",可采用建立市场、税收制度、收费制度、财政手段、责任制度。

(五)控制污染的产业政策

国家发展和改革委员会同国务院有关部门依据国家有关法律法规制定,经国务院批准后公布的《产业结构调整指导目录》,由鼓励、限制和淘汰三类目录组成。

(1)鼓励类主要是对经济社会发展有重要促进作用,有利于节约资源、保护环境、产业结构优化升级,需要采取政策措施予以鼓励和支持的关键技术、装备及产品。

(2)限制类主要是工艺技术落后,不符合行业准入条件和有关规定,不利于产业结构优化升级,需要督促改进和禁止新建的生产能力、工艺技术、装备及产品。

(3)淘汰类主要是不符合有关法律规定,严重浪费资源、污染环境、不具备安全生产条件,需要淘汰的落后工艺技术、装备及产品。

(六)绿化造林

绿色植物是区域生态环境中不可缺少的重要组成部分,绿化造林不仅能美化环境,调节空气温湿度,保持水土、防风治沙,而且在净化空气(吸收二氧化碳、有害气体、颗粒物、杀菌)和降低噪声方面皆会起到显著作用。

(七)安装废气净化装置

当采取了各种大气污染防治措施后,大气污染物的排放浓度仍达不到排放标准或环境空气质量标准时,则必须安装废气净化装置,对污染源进行治理。安装废气净化装置,是控制环境空气质量的基础,也是实行环境规划与管理等综合防治措施的前提。

任务三　环境空气质量控制标准

环境空气质量控制标准是执行环境保护法和大气污染防治法、实施环境空气质量管理及防治大气污染的依据和手段。

一、环境空气质量控制标准的分类与体系

(一)环境空气质量控制标准分类

环境空气质量控制标准是指一定时间和空间范围内,对环境质量的要求所做的规定,以最新的环境空气质量基准研究成果为科学基础制定,会不断地根据实际情况进行修订。

环境空气质量控制标准按其用途可分为:①环境空气质量标准;②大气污染物排放标准;③大气污染物控制技术标准;④大气污染警报标准。按使用范围可分为:①国家标准;②地方标准;③行业标准。

《中华人民共和国大气污染防治法》于 1987 年 9 月 5 日由第六届全国人大常委会第 22 次

会议通过，后经几次修订和修正，目前为2018年修正版。

我国快速的工业化和城镇化发展消耗了大量的能源，使在发达国家现代化过程中分阶段出现的环境问题在我国集中出现，尤其是空气质量问题已成为目前我国面临的重点问题之一。“十一五”期间，我国281个地级及以上空气质量好的城市个数占10.67%，差的城市占75.80%，极差的城市占13.53%。近年来，随着大气污染逐渐向复合型污染转变，$PM_{2.5}$和O_3污染加重，灰霾频发，能见度降低等现象较为凸显。公众的环保要求不断提高，国家也不断采取多种政策措施来控制大气污染，改善环境空气质量。

(二)我国现行大气环境质量标准体系

我国现已发布并执行的大气标准:《环境空气质量标准》(GB 3095—2012);《大气污染物综合排放标准》(GB 16297—1996);《锅炉大气污染物排放标准》(GB 13271—2014);《火电厂大气污染物排放标准》(GB 13223—2011)等，根据实际情况选择合适的标准使用。

《环境空气质量标准》(GB 3095—2012)适用于全国范围的环境空气质量评价。标准规定了环境空气质量功能区分类和标准分级，同时规定了各污染物不允许超过的浓度限值、监测采样和鉴定分析方法，还规定了取值时间、数据统计的有效性。

《大气污染物综合排放标准》(GB 16297—1996)适用于现有单位大气污染物排放管理，还规定了最高允许排放速率，现有污染源分为一级、二级、三级，新污染源分为二级、三级，按污染源所在的环境空气质量功能区类别，执行相应级别的排放速率标准。

二、环境空气质量评价

(一)环境空气质量功能区的分类和标准分级

根据《环境空气质量标准》(GB 3095—2012)，环境空气质量功能区分为三类：

一类区为自然保护区、风景名胜区和其他需要特殊保护的地区；

二类区为城镇规划中确定的居住区、商业交通居民混合区、文化区、一般工业区和农村地区；

三类区为特定工业区。

环境空气质量标准分为三级：

一类区执行一级标准；

二类区执行二级标准；

三类区执行三级标准。

(二)环境空气质量评价

1.空气质量指数

空气质量指数(air quality index，简称AQI)定义为定量描述空气质量状况的无量纲指数，针对单项污染物还规定了空气质量分指数(individual air quality index，简称IAQI)。利用空气质量指数可以直观地评价大气环境质量状况并指导空气污染的控制和管理。空气质量指数范围为0～500。

2.空气污染指数分级标准

根据《环境空气质量指数(AQI)技术规定(试行)》(HJ 633—2012)，空气质量指数及相关信息详见表 1-4。

表 1-4　空气质量指数及相关信息

空气质量指数	空气质量指数级别	空气质量指数类别及表示颜色		对健康影响情况	建议采取的措施
0～5	一级	优	绿色	空气质量令人满意，基本无空气污染	各类人群可正常活动
51～100	二级	良	黄色	空气质量可接受，但某些污染物可能对极少数异常敏感人群健康有较弱影响	极少数异常敏感人群应减少户外活动
101～150	三级	轻度污染	橙色	易感人群症状有轻度加剧，健康人群出现刺激症状	儿童、老年人及心脏病、呼吸系统疾病患者应减少长时间、高强度的户外锻炼
151～200	四级	中度污染	红色	进一步加剧易感人群症状，可能对健康人群心脏、呼吸系统有影响	儿童、老年人及心脏病、呼吸系统疾病患者避免长时间、高强度的户外锻炼，一般人群适量减少户外运动
201～300	五级	重度污染	紫色	心脏病和肺病患者症状显著加剧，运动耐受力降低，健康人群普遍出现症状	儿童、老年人和心脏病、肺病患者应停留在室内，停止户外运动，一般人群减少户外运动
＞300	六级	严重污染	褐红色	健康人群运动耐受力降低，有明显强烈症状，提前出现某些疾病	儿童、老年人和病人应当留在室内，避免体力消耗，一般人群应避免户外运动

3.空气质量分指数的计算

根据《环境空气质量指数(AQI)技术规定(试行)》(HJ 633—2012)，污染物项目 P 的空气质量分指数按如下公式计算，空气质量分指数及对应的污染物项目浓度限值见表 1-5。

$$IAQI_P=\frac{IAQI_{Hi}-IAQI_{Lo}}{BP_{Hi}-BP_{Lo}}(c_P-BP_{Lo})+IAQI_{Lo}$$

式中，$IAQI_P$——污染物项目 P 的空气质量分指数；

c_P——污染物项目 P 的质量浓度值，$\mu m/m^3$；

BP_{Hi}——表 1-5 中与 c_P 相近的污染物浓度限值的高位值，$\mu m/m^3$；

BP_{Lo}——表 1-5 中与 c_P 相近的污染物浓度限值的低位值，$\mu m/m^3$；

$IAQI_{Hi}$——表 1-5 中与 BP_{Hi} 对应的空气质量分指数；

$IAQI_{Lo}$——表 1-5 中与 BP_{Lo} 对应的空气质量分指数。

表 1-5　空气质量分指数及对应的污染物项目浓度限值

空气质量分指数(IAQI)	污染物项目浓度限值									
	SO_2 24 h 平均/($\mu g/m^3$)	SO_2 1 h 平均/($\mu g/m^3$)[1]	NO_2 24 h 平均/($\mu g/m^3$)	NO_2 1 h 平均/($\mu g/m^3$)[1]	颗粒物(粒径≤10 μm) 24 h 平均/($\mu g/m^3$)	CO 24 h 平均/($\mu g/m^3$)	CO 1 h 平均/($\mu g/m^3$)[1]	O_3 1 h 平均/($\mu g/m^3$)	O_3 8 h 滑动平均/($\mu g/m^3$)	颗粒物(粒径≤2.5 μm)24 h 平均/($\mu g/m^3$)
0	0	0	0	0	0	0	0	0	0	0
50	50	150	40	100	50	2	5	160	100	35
100	150	500	80	200	150	4	10	200	160	75
150	475	650	180	700	250	14	35	300	215	115
200	800	800	280	1 200	350	24	60	400	265	150
300	1 600	[2]	565	2 340	420	36	90	800	800	250
400	2 100	[2]	750	3 090	500	48	120	1 000	[3]	350
500	2 620	[2]	940	3 840	600	60	150	1 200	[3]	500

说明

[1] SO_2、NO_2 和 CO 的 1 h 平均浓度限值仅用于实时报，在日报中需使用相应污染物的 24 h 平均浓度限值。

[2] SO_2 1 h 平均浓度值高于 800 $\mu g/m^3$ 的，不再进行其空气质量分指数计算，SO_2 空气质量分指数按 24 h 平均浓度计算的分指数报告。

[3] O_3 8 h 平均浓度值高于 800 $\mu g/m^3$ 的，不再进行其空气质量分指数计算，O_3 空气质量分指数按 1 h 平均浓度计算的分指数报告。

4.空气污染指数评价

空气污染指数评价按照三步进行：

第一步是对照各项污染物的分级浓度限值，以 $PM_{2.5}$、PM_{10}、SO_2、NO_2、O_3、CO 等各项污染物的实测浓度值(其中 $PM_{2.5}$、PM_{10} 为 24 h 平均浓度)分别计算得出空气质量分指数(简称 IAQI)；

第二步是从各项污染物的 IAQI 中选择最大值确定为 AQI，当 AQI 大于 50 时，将 IAQI 最大的污染物确定为首要污染物；

第三步是对照 AQI 分级标准(表 1-4)，确定空气质量级别、类别及表示颜色、健康影响与建议采取的措施。

空气质量按照空气质量指数大小分为六级，相对应空气质量的六个类别，指数越大、级别越高说明污染的情况越严重，对人体的健康危害也就越大。

练习题

一、填空题

1.大气由________、________、________组成。

2.大气污染按照影响范围分为：________、________、________、________。

3.一次污染物指____________________，受到普遍重视的一次污染物主要有________、________、________、________。

4.大气污染形成的条件有________、________、________、________。

5.大气污染侵入人体的三途径：________、________、________。

6.环境空气质量控制标准按使用范围分为：________、________、________。

二、选择题

1.下列哪种情况属于局部地区污染？(　　)

A.某城市的污染　　B.跨行政区划的污染

C.某工厂的污染　　D.全球性的污染

2.下列哪种情况属于移动污染源？(　　)

A.烟囱排放的污染　　B.马路上行使车辆的污染

C.家庭炉灶的污染　　D.工厂排放的污染

3.可吸入颗粒污染物(PM_{10})是指悬浮在空气中，空气动力学直径(　　)的颗粒污染物。

A.$\leqslant 10\ \mu m$　　B.$>10\ \mu m$

C.$10 \sim 100\ \mu m$　　D.$\leqslant 100\ \mu m$

4.根据《环境空气质量标准》(GB 3095—2012)，环境空气质量功能区分为(　　)类，其中二类区执行(　　)级标准。

A.四，二　　B.三，一

C.四，一　　D.三，二

5.某城市环境空气质量监测结果的 AQI 值为 110，该城市的空气质量是(　　)。

A.优秀　　B.良好

C.轻度污染　　D.中度污染

三、简答题

1.大气和空气有何区别？

2.大气污染的定义是什么？

3.根据燃料性质、大气污染物组成和反应，大气污染可分为几类及产生原因是什么？

4.气溶胶状态污染物按照颗粒物大小可分为几类？

5.空气质量指数 AQI 的定义及作用是什么？

四、计算题

某城市当日空气质量经监测综合整理后，主要污染物浓度（24 h 平均）：PM_{10} 98 $\mu g/m^3$，$PM_{2.5}$ 26 $\mu g/m^3$，SO_2 7 $\mu g/m^3$，NO_2 33 $\mu g/m^3$，CO 2 mg/m^3，试确定该城市的环境空气污染指数、首要污染物和环境空气质量级别。

项目二　燃烧过程中污染物的形成

项目内容及要求：

模拟工厂燃料燃烧过程，根据所燃烧燃料估算燃烧过程中消耗的空气量、烟气量和污染物排放量，为后续烟囱高度的设计、厂址的选择及污染物的处理打下坚实基础。

知识目标：

1.了解燃料的种类及性质；

2.熟悉燃料的燃烧过程；

3.掌握燃料燃烧的理论空气量的计算；

4.掌握烟气量及污染物排放量计算；

5.熟悉燃烧污染物的形成与控制。

能力目标：

1.知道几种常规燃料及其性质；

2.会估算燃料完全燃烧的烟气量；

3.会进行燃烧过程中氮氧化物、硫氧化物的形成分析。

任务一　烟气体积及污染物排放量计算

一、燃料的种类与性质

（一）燃料的定义

燃料是指在燃烧过程中，能够放出热量，且在经济上可以取得效益的物质。燃料可分为：常规燃料，如煤、石油和天然气等化石燃料；非常规燃料，除了煤、石油和天然气等常规燃料外的所有可燃性物质，如生活垃圾、农作物秸秆等。

常规燃料按其物理状态可分为：①固体燃料，燃料中挥发性组分被蒸馏后以气态燃烧（蒸气控制），而遗留下来的固定碳则以固态燃烧，后者的速率由氧向固体表面的扩散控制；

②液体燃料，以气态形式燃烧，因此它的燃烧速度受其蒸发过程控制；③气体燃料，优点是燃烧迅速，其燃烧状态可基本上由空气与燃料的扩散或混合所控制。常规燃料按其获得方法可分为：①天然燃料，如煤、石油、天然气等；②人工燃料，如木炭、柴油、汽油等。常规燃料的分类见表 2-1。

表 2-1 常规燃料的分类

按物理状态分	按获得方法分	
	天然燃料	人工燃料
固体燃料	木柴、煤、油页岩	木炭、焦炭、煤粉
液体燃料	石油	汽油、煤油、柴油、重油
气体燃料	天然气	高炉煤气、发生炉煤气、焦炉煤气

非常规燃料按其来源可分为：①城市固体废弃物；②商业和工业固体废弃物；③农业废物及农村废物；④水生植物和水生废物；⑤污泥处理厂废物；⑥可燃性工业和采矿废物；⑦天然存在的含碳和含碳氢的资源；⑧合成燃料。非常规燃料的重要性在于它能够在某些领域代替日益减少的化石燃料的供应，同时也是处理废物的有效方式。例如，生活垃圾燃料既能提供能源，又能处置废物，在一定程度上减轻对环境的压力。

燃料的性质影响燃烧设备设计和各种操作条件，也影响大气污染物的形成和排放。

(二)几种常规燃料及其性质

1.煤

煤是最重要的固体燃料，它是一种复杂的物质聚集体，主要是由植物的部分分解和变质而形成的。古代茂盛的植物被埋入地下，经过长期的地热、高压和细菌的作用而腐解变质，使纤维素、木质素脱去水、二氧化碳、甲烷等气体后逐渐成为含碳丰富的可燃性岩石——煤。煤的可燃成分主要是由碳、氢及少量氧、氮和硫等一起构成的有机聚合物。煤中有机成分和无机成分的含量，因煤的种类和产地不同而有很大差别。

(1)煤的分类

煤是由植物在高压覆盖和较高温度条件下经过长期过程形成的，不同的植物及其不同覆盖时间(即腐蚀程度)会形成不同的煤，煤按沉积年代分为褐煤、烟煤、无烟煤。

①褐煤：是由泥煤形成的初始煤化物，是煤中等级最低的一类，形成年代最短。褐煤呈黑色、褐色、泥土色，其结构类似木材。其特点是：水分和灰分含量都较高，燃烧热值较低，不能制炭；干燥后碳含量 60%～75%，氧含量 20%～25%。

②烟煤：形成历史较褐煤长，黑色，外形有可见条纹。其特点是：碳含量 75%～90%，成焦性较强，且含氧量低，水分和灰分含量一般不高，适宜工业上的一般应用。

③无烟煤：碳含量最高，煤化时间最长，具有明显的黑色光泽，机械强度高。其特点是：碳含量一般高于 93%，无机物含量低于 10%，因而着火困难，储存时稳定，不易自燃；成焦性极差。

(2)煤的组成

煤的组成测定方法分为工业分析、元素分析两大类。

①工业分析测定煤中水分、挥发分、固定碳和灰分，估测硫含量和热量，是评价工业用煤的

主要指标。

水分：包括外部水分和内部水分。测定外部水分的方法是：称取一定量的 13 mm 以下粒度的煤样，干燥箱内 318～323 K 温度下干燥 8 h，取出冷却，干燥后所失去的水分质量占煤样原来质量的百分数就是煤的外部水分。测定内部水分的方法是：将上述失去外部水分的煤样继续在 375～380 K 下干燥约 2 h，所失去的水分质量占试样原来质量的百分数即内部水分。两部分水分之和即煤所含的全水分。煤所含水分使热值降低，影响燃烧稳定，一般控制煤中水分在 10%～13%。

挥发分：煤干馏时所释放出的气态可燃物质。测定方法是将风干的煤样密封在坩埚内，放在 1 200 K 的马弗炉中加热 7 min，放入干燥箱中冷却至常温再称重。挥发分主要由氢气、碳氢化合物、一氧化碳及少量的硫化氢等组成。在相同的热值下，煤中挥发分越高，就越容易燃着，火焰越长，越易燃烧完全。但含量过高容易污染环境，这主要是因为含量过高，在炉膛内无法充分燃烧，形成大量的碳粒子与烟气从烟囱排出。

固定碳：是煤的主要可燃物质。测定方法是失去水分和挥发分后的剩余部分(焦炭)放在(800±200)℃的环境中灼烧到质量不再变化时，取出冷却，焦炭所失去的质量为固定碳。煤中的碳不是以单质形态存在的，而是与氢、氮、硫、氧等组成有机化合物。

灰分：煤中不可燃矿物物质的总称，为燃料中的有害成分，其含量和组成因煤种及粗加工的不同而异。测定方法是从煤中扣除水分、挥发分以及固定碳后剩余的部分为灰分。煤中灰分的存在，降低了煤的热值，也增加了烟尘污染及出渣率。高灰分、低熔点的煤极易结渣，使煤不能充分燃烧，从而影响热效。我国煤炭的平均灰分为 25%，煤中灰分的组成见表 2-2。

表 2-2 煤中灰分的组成

成分	含量/%	成分	含量/%
SiO_2	20～60	MgO	0.3～4
Al_2O_3	10～35	TiO	0.5～2.5
Fe_2O_3	5～35	Na_2O 和 K_2O	1～4
CaO	1～20	SO_3	0.1～12

②元素分析是用化学方法测定去掉外部水分的煤中主要组分碳、氢、氮、硫等的含量。

碳和氢是通过燃烧后分析尾气中 CO_2 和 H_2O 的生成量而测定的。

氮含量是在催化剂作用下使煤中氮转变为氨，继而用碱吸收，最后用酸滴定。

硫含量是将样品放在氧化镁和无水碳酸钠的混合物上加热，使硫化物转变为硫酸盐，再以质量法测定硫酸钡沉淀而测定的。煤中含有无机硫和有机硫，无机硫主要为硫化铁硫、硫酸盐硫等。

硫化铁硫：是煤中主要的含硫成分，代表为黄铁矿硫。黄铁矿硬度为 6～6.5，相对密度 4.7～5.2。本身无磁性，但在强磁场感应下能转变为顺磁性物，吸收微波能力较强，根据这些特性可采用不同的物理或化学方法将其从煤中脱除。

硫酸盐硫：主要以钙、铁和锰的硫酸盐形式存在，以石膏($CaSO_4 \cdot 2H_2O$)为主。硫酸盐硫在燃烧时不参加燃烧，留在灰渣里，是灰分的一部分，其他形态的硫能燃烧放出热量。通常所说的 SO_x 污染物只包括有机硫、硫化物，不包括 $MeSO_4$。

有机硫：以各种官能团形式存在，如噻吩、芳香基硫化物、硫醇等。不易用重力分选的方法除去，需采用化学方法脱硫。

(3)煤的成分表示方法

由于煤中水分和灰分受外界条件影响时其百分比随之发生改变，要确切说明煤的特性，必须同时指明百分比的基准。常用基准有收到基、空气干燥基、干燥基和干燥无灰基。

①收到基：以包括全部水分和灰分的燃料作为100%的成分表示法，即锅炉燃料的实际成分。

$$C^{ar}+H^{ar}+O^{ar}+N^{ar}+S^{ar}+A^{ar}+W^{ar}=100\%$$

式中，ar——收到基成分；

C^{ar}——未干燥煤样中碳的含量，%；

H^{ar}——未干燥煤样中氢的含量，%；

O^{ar}——未干燥煤样中氧的含量，%；

N^{ar}——未干燥煤样中氮的含量，%；

S^{ar}——未干燥煤样中硫的含量，%；

A^{ar}——未干燥煤样中灰分的含量，%；

W^{ar}——未干燥煤样中水分的含量，%。

②空气干燥基：以去掉外部水分的燃料作为100%的成分表示法，即在实验室内进行燃料分析时的试样成分。

$$C^{ad}+H^{ad}+O^{ad}+N^{ad}+S^{ad}+A^{ad}+W^{ad}=100\%$$

式中，ad——空气干燥基成分；

C^{ad}——空气干燥煤样中碳的含量，%；

H^{ad}——空气干燥煤样中氢的含量，%；

O^{ad}——空气干燥煤样中氧的含量，%；

N^{ad}——空气干燥煤样中氮的含量，%；

S^{ad}——空气干燥煤样中硫的含量，%；

A^{ad}——空气干燥煤样中灰分的含量，%；

W^{ad}——空气干燥煤样中水分的含量，%。

③干燥基：以去掉全部水分的燃料作为100%的成分表示法，干燥基更能反映出灰分的多少。

$$C^{d}+H^{d}+O^{d}+N^{d}+S^{d}+A^{d}=100\%$$

式中，d——干燥基成分；

C^{d}——完全干燥煤样中碳的含量，%；

H^{d}——完全干燥煤样中氢的含量，%；

O^{d}——完全干燥煤样中氧的含量，%；

N^{d}——完全干燥煤样中氮的含量，%；

S^{d}——完全干燥煤样中硫的含量，%；

A^{d}——完全干燥煤样中灰分的含量，%。

④干燥无灰基：以去掉水分和灰分的燃料作为100%的成分表示法。干燥无灰基避免了水分和灰分的影响，因而比较稳定，煤矿通常提供的煤质资料为干燥无灰基成分。

$$C^{daf}+H^{daf}+O^{daf}+N^{daf}+S^{daf}=100\%$$

式中，daf——干燥无灰基成分；

C^{daf}——干燥无灰煤样中碳的含量，%；

H^{daf}——干燥无灰煤样中氢的含量，%；

O^{daf}——干燥无灰煤样中氧的含量，%；

N^{daf}——干燥无灰煤样中氮的含量，%；

S^{daf}——干燥无灰煤样中硫的含量，%。

2.石油

石油又称原油，是液体燃料的主要来源，是天然存在的黑褐色的黏稠液体，相对密度在0.78～1.00。石油主要由链烷烃、环烷烃和芳香烃等碳氢化合物组成，还有少量的硫化物、氧化物、氮化物、水分和矿物，此外，含有微量金属（钒、镍）、砷、铅、氯等，体积分数在 1×10^{-5} 左右。

原油中的硫大部分以有机硫形式存在，形成非碳氢化合物的巨大分子团，其含硫量变化范围较大，一般为0.1%～7%。原油虽然是易燃物，但一般将原油通过蒸馏、裂化和重整过程生产出各种汽油、溶剂、化学产品、燃料油等石油化工产品。

3.天然气

天然气是典型的气体燃料，组成一般为甲烷85%、乙烷10%、丙烷3%，含碳更高的碳氢化合物也可能存在于天然气中。天然气还含有碳氢化合物以外的其他组分，如 H_2O、CO_2、N_2、He、H_2S 等。

天然气中的硫化氢具有腐蚀性，它的燃烧产物为硫的氧化物，因此许多国家规定了天然气中总硫含量和硫化氢含量的最大允许值，超标需要脱硫。

4.燃料组成对燃烧的影响

碳：可燃元素。1 kg纯碳完全燃烧时，放出7 850 kcal的热量。当不完全燃烧生成CO时，放出2 214 kcal的热量。纯碳起燃温度很高，燃烧缓慢，火焰也短。煤中的碳不是单质状态存在，而是与氢、氮、硫等组成有机化合物。煤形成的地质年代越长，其挥发性成分含量越少，而含碳量则相对增加。例如，无烟煤含碳量为90%～98%，一般煤的含碳量为50%～95%。

氢：是燃料中发热量最高的元素。固体燃料中氢的含量为2%～10%，以碳氢化合物的形式存在，1 kg氢完全燃烧时能放出28 780 kcal的热量。

氧：在燃料中与碳和氢生成化合物，降低了燃料的发热量。

氮：燃料中含氮量很少，一般为0.5%～1.5%。

硫：以三种形态存在——有机硫、硫化铁硫和硫酸盐硫。前两种能放出热量，称之为挥发硫。硫燃烧生成产物为 SO_2 和 SO_3，其中 SO_2 占95%以上。

水分：水分的存在使燃料中可燃成分相对地减少。

灰分：是燃料中不可燃矿物质，为燃料中的有害成分。

二、燃料的燃烧过程

燃烧是指可燃混合物的快速氧化过程，并伴随着能量（光和热）的释放，同时使燃料的组成元素转化成相应的氧化物。

(一)影响燃烧过程的主要因素

1.燃烧过程及燃烧产物

燃烧过程可分为完全燃烧和不完全燃烧。完全燃烧是指燃料中所含有的全部可燃物质(碳、氢、硫等)在与氧化合后,只生成 CO_2、H_2O 和 SO_2 的燃烧,燃烧后的燃烧产物(烟气、灰渣)中不再含有可燃物。不完全燃烧是指燃料在燃烧过程中燃烧不充分,产生 CO_2、H_2O、CO、黑烟及其他部分氧化产物等。若燃料中含 S、N,会生成 SO_2 和 NO,燃烧温度较高时,空气中的部分氮会被氧化成 NO_x。

由于完全燃烧时可全部释放燃料的发热量,使燃料得到充分的利用,在燃烧设备中,应尽可能做到完全燃烧。

2.燃料完全燃烧的条件

燃料完全燃烧需要具备适量的空气、足够的温度、必要的燃烧时间、燃料与空气的充分混合。

(1)空气条件:根据燃烧不同阶段供给相适应的空气量。如果空气供应不足,燃烧就不完全;相反,空气量过大,也会降低炉温,增加热损失。

(2)温度条件:燃料只有达到着火温度,才能与氧化合而燃烧。着火温度是在氧存在下可燃质开始燃烧必须达到的最低温度。各种燃料都具有自己特征的着火温度,按固体燃料、液体燃料、气体燃料的顺序依次上升,各种燃料的着火温度见表 2-3。

表 2-3 燃料的着火温度

燃料	着火温度/K
木炭	593～643
无烟煤	713～773
重油	803～853
发生炉煤气	973～1 073
氢气	853～873
甲烷	923～1 023

(3)时间条件:燃料在燃烧室中的停留时间是影响燃烧完全程度的另一基本因素。燃料在高温区的停留时间应超过燃料燃烧所需时间。因此,在所要求的燃烧反应速率下,停留时间将决定于燃烧室的大小和形状。反应速度随温度的升高而加快,所以在较高温度下燃烧所需要的时间较短。

(4)燃料与空气的混合条件:燃料与空气中氧的充分混合也是有效燃烧的基本条件,混合程度取决于空气的湍流度。

适当地控制这四个因素——空气与燃料之比、温度、时间和湍流度,是在大气污染物排放量最低条件下实现有效燃烧所必需的,评价燃烧过程和燃烧设备时,必须认真地考虑这些因素。通常把温度、时间和湍流度称为燃烧过程的“三 T”。

(二)发热量与热损失

1.发热量

燃烧过程是放热反应,单位燃料完全燃烧时发生的热量变化,即在反应物开始状态和反应产物终了状态相同的情况下(通常为 298K 和 1atm)的热量变化,称为燃料的发热量,单位是 kJ/kg(固体、液体)或 kJ/m^3(气体)。

燃料的发热量有高位发热量和低位发热量之分。高位发热量包括燃料燃烧生成物中水蒸气的汽化潜热,用 Q_H 表示。低位发热量是指燃料燃烧产物中水蒸气仍以气态存在时,完全燃烧过程中所释放的热量,用 Q_L 表示。

一般燃烧设备的排烟温度均远超过水蒸气的凝结温度,因此大都按低位发热量计算燃料发热量。若已知燃料中氢和水的含量,低位发热量 Q_L 可由高位发热量 Q_H 减去水蒸气的凝结热而求得。

$$Q_L = Q_H - 25 \times (9W_H + W_W)$$

式中,Q_H——高位发热量;

Q_L——低位发热量;

W_H——燃料中氢的质量百分数;

W_W——燃料中水分的质量百分数。

2.热损失

燃料燃烧产生的热量仅有一部分能够被有效利用,这是因为所有的燃烧设备都存在热损失。燃烧设备的热损失,主要包括排烟热损失、不完全燃烧热损失和散热损失等。

(1)排烟热损失:由排烟带走了一部分热量造成的,一般锅炉排烟热损失为 6%～12%。影响排烟热损失的主要因素是排烟温度和排烟体积,如锅炉尾部设置省煤器和空气预热器,就是为了降低排烟温度,但也应防止烟温过低造成受热面的酸性腐蚀。工业锅炉的排烟温度选取 160～200 ℃,大、中型锅炉的排烟温度选取 110～180 ℃。

(2)不完全燃烧热损失:包括化学不完全燃烧和机械不完全燃烧造成的热损失。前者是由烟气中含有残余的可燃气体所造成的,主要为 CO,还有少量的 H_2、CH_4 等。机械不完全燃烧热损失是由灰中含有未燃尽的碳造成的,它包括灰渣损失、飞灰损失、漏煤损失。机械不完全燃烧损失是比较大的一项损失。

(3)散热损失:锅炉炉墙、锅筒、联箱、汽水管道等部分温度高于周围空气温度,因而有部分热量散失到空气中造成热损失。

(三) 燃料燃烧的理论空气量

1.理论空气量 V_a^0

燃料燃烧所需要的氧气,一般是从空气中获得。将单位量燃料按燃烧反应方程式完全燃烧所需要的空气量称为理论空气量。

理论空气量由燃料的组成决定,可由燃烧方程式计算求得,建立燃烧化学方程式时,通常假定:

(1)空气仅由 N_2 和 O_2 组成,其体积比为 79.1/20.9=3.78。

(2)燃料中的固定态氧可用于燃烧。

(3)燃料中的硫主要被氧化成 SO_2。

(4)热力型 NO_x 的生成量较小,燃料中含氮量也较低,在计算理论空气量时可以忽略。

(5)燃料中的氮在燃烧时转化为 N_2 和 NO,一般以 N_2 为主。

(6)燃料的化学式为 $C_xH_yS_zO_w$,其中 x、y、z、w 分别代表碳、氢、硫和氧的原子数。

由此得完全燃烧的化学反应方程式:

$$C_xH_yS_zO_w+\left(x+\frac{y}{4}+z-\frac{w}{2}\right)O_2+3.78\left(x+\frac{y}{4}+z-\frac{w}{2}\right)N_2\rightarrow$$

$$xCO_2+\frac{y}{2}H_2O+zSO_2+3.78\left(x+\frac{y}{4}+z-\frac{w}{2}\right)N_2+Q$$

则理论空气量:

$$V_a^0=22.4\times4.78\left(x+\frac{y}{4}+z-\frac{w}{2}\right)/(12x+1.008y+32x+16w)$$

一般煤的 $V_a^0=4\sim7\ m^3/kg$,液体燃料的 $V_a^0=10\sim11\ m^3/kg$。

2.空气过剩系数 α

实际的燃烧装置中,"三 T"条件不可能达到理想化的程度,为使燃料完全燃烧,必须供给过量的空气。一般把超过理论空气量多供给的空气量称为过剩空气量,并把实际空气量 V_a 与理论空气量 V_a^0 之比定义为空气过剩系数,以 α 表示,通常 $\alpha>1$,α 值的大小取决于燃料种类、燃烧装置形式及燃烧条件等因素。

$$\alpha=\frac{V_a}{V_a^0}$$

3.空燃比 AF

空燃比是指单位质量燃料燃烧所需要的空气质量,可由燃烧方程式直接求得。如甲烷在理论空气量下的完全燃烧:

$$CH_4+2O_2+7.56N_2\rightarrow CO_2+2H_2O+7.56N_2$$

则空燃比 AF=(2×32+7.56×28)/(1×16)=17.2。

随着燃料中氢相对含量的减少,碳相对含量的增加,理论空燃比随之减少。例如汽油($-C_8H_{18}$)的理论空燃比为 15,纯碳的理论空燃比约为 11.5。

【例 2-1】 某燃烧装量采用重油作为燃料,重油成分分析结果如下(按质量):C,88.3%;H,9.5%;S,1.6%;灰分,0.10%。试确定燃烧 1 kg 重油所需要的理论空气量。

解:以 1 kg 重油燃烧为基础,则

成分	质量/g	摩尔数/mol	需氧量/mol
C	883	73.58	73.58
H	95	47.5	23.75
S	16	0.5	0.5
H_2O	0.5	0.027 8	0

理论需氧量为 73.58+23.75+0.5=97.83(mol/kg 重油)。

假定干空气中 N_2 与 O_2 的摩尔比(体积比)为 3.78,则 1 kg 重油完全燃烧所需要的理论空气量为 97.83×(3.78+1)=467.63(mol/kg 重油),即 467.63×22.4/1 000=10.47(m^3/kg

重油)。

(四)燃烧过程污染物排放量的计算

1.烟气体积计算

(1)理论烟气体积

在理论空气量下,燃料完全燃烧所生成的烟气体积称为理论烟气体积,以 V_{fg}^{0} 表示。烟气成分主要是 CO_2、SO_2、N_2 和水蒸气,通常分为干烟气(不含水蒸气)和湿烟气(含水蒸气),所以理论烟气体积等于干烟气体积和水蒸气体积之和。

理论水蒸气体积由三部分构成:①燃料中氢燃烧后生成的水蒸气体积;②燃料中所含的水蒸气体积;③由供给的理论空气量带入的水蒸气体积。

(2)烟气体积和密度的校正

燃烧装置产生的烟气温度和压力总是高于标准状态(273 K、1 atm),在烟气体积和密度计算中往往需要换算成标准状态,以便于计算。

大多数烟气可以视为理想气体,所以在烟气体积和密度换算中可以应用理想气体状态方程。

设观测状态下(温度 T_s、压力 P_s)烟气的体积为 V_s、密度为 ρ_s;在标准状态下(温度 T_N、压力 P_N)烟气的体积为 V_N,密度为 ρ_N,则由理想气体状态方程式可以得到标准状态下的烟气体积:

$$V_N = V_S \cdot \frac{P_S}{P_N} \cdot \frac{T_N}{T_S}$$

标准状态下的烟气密度:

$$\rho_N = \rho_S \cdot \frac{P_N}{P_S} \cdot \frac{T_S}{T_N}$$

美国、日本和国际全球监测系统网的标准状态是 298 K、1 atm,在做数据比较时应注意。

(3)实际烟气体积

因为实际燃烧过程是有过剩空气的,所以燃烧过程中的实际烟气体积应为理论烟气体积与过剩空气之和,用 V_{fg} 表示。用奥氏烟气分析仪测定烟气中的 CO_2、O_2 和 CO 的含量,可以确定燃烧设备在运行中的烟气成分和空气过剩系数。

以碳在空气中的完全燃烧为例,若空气不过量,则烟气中仅含有 CO_2 和 N_2:

$$C + O_2 + 3.78N_2 \rightarrow CO_2 + 3.78N_2$$

若空气过量,则燃烧方程式变为:

$$C + (1+\alpha)\ O_2 + (1+\alpha)3.78\ N_2 \rightarrow CO_2 + \alpha O_2 + (1+\alpha)3.78N_2$$

α 是过剩空气中 O_2 的过剩系数,则 $\alpha = \frac{\text{实际空气量}}{\text{理论空气量}} = 1+\alpha$。

若燃烧是完全燃烧,过剩空气中的氧仅以 O_2 的形式存在,燃烧产物以下标 P 表示,则上式改为:

$$C + (1+\alpha)O_2 + (1+\alpha)3.78N_2 \rightarrow CO_{2p} + O_{2p} + N_{2p}$$

其中,O_{2p} 为过剩氧气量,N_{2p} 为总氮量,假定空气的体积组成为 20.9%O_2 和 79.1%N_2,则实际空气中的总氧量为:$\frac{20.9}{79.1}N_{2P} = 0.264N_{2P}$。理论需氧量$=0.264N_{2P} - O_{2p}$。

因此，空气过剩系数 $\alpha=\dfrac{0.264\ N_{2p}}{0.264\ N_{2p}-O_{2p}}=1+\dfrac{O_{2P}}{0.264N_{2P}-O_{2P}}$。

假如燃烧过程中产生 CO，则需从过剩氧中减去 CO 氧化为 CO_2 所需的 O_2。因此空气过剩系数校正为：

$$\alpha=1+\frac{O_{2P}-0.5CO_P}{0.264N_{2P}-(O_{2P}-0.5CO_P)}$$

各组分的量均为奥氏分析仪所测得的百分数。

考虑过剩空气校正后，实际烟气体积为：$V_{fg}=V_{fg}^0+V_a^0(\alpha-1)$。

【例 2-2】 用仪器测定烟气组成为：$CO_2=10\%$，$O_2=4\%$，$CO=1\%$，则该炉过剩空气系数 α 是多少？

解：烟气中 N_2 体积比为 $100\%-10\%-4\%-1\%=85\%$，故

$$\alpha=1+\frac{O_{2P}-0.5CO_P}{0.264N_{2P}-(O_{2P}-0.5CO_P)}=1+\frac{4-0.5\times1}{0.264\times85-(4-0.5\times1)}=1.18$$

2.污染物排放量的计算

污染物排放量可由实测的污染物浓度和实际排烟量计算。但在许多情况下，需要根据同类燃烧设备的排污系数、燃料组成和燃烧状况，预测烟气量和污染物浓度。

【例 2-3】 对于例 2-1 给定的重油，若燃料中硫全部转化为 SO_2（其中 SO_2 占 97%），试计算空气过剩系数 $\alpha=1.2$ 时烟气中 SO_2 及 SO_3 的体积分数，以 mg/m^3 表示，并计算此时干烟气中 CO_2 的含量，以体积百分比表示。

解：由例 2-1 知，理论空气量条件下烟气组成（mol）为

CO_2：73.58	H_2O：47.5＋0.027 8
SO_x：0.5	N_x：97.83×3.78

理论烟气量：73.58＋(47.5＋0.027 8)＋0.5＋97.83×3.78＝491.4（mol/kg 重油）。

即：491.4×22.4/1 000＝11.01（m^3/kg 重油）。

空气过剩系数 $\alpha=1.2$ 时，实际烟气量为 11.01＋10.47×0.2＝13.10（m^3/kg 重油）。其中 10.47 为理论空气量，即 1 kg 重油完全燃烧所需理论空气量。

烟气中 SO_2 的体积为 0.5×0.97×22.4/1 000＝0.010 9（m^3/kg 重油）。

烟气中 SO_3 的体积为 $0.5\times0.03\times22.4/1\ 000=3.36\times10^{-4}$（$m^3$/kg 重油）。

所以烟气中 SO_2 及 SO_3 的浓度分别为

$C_{SO_2}=0.010\ 9\times64\div13.10\div22.4\times10^6=2\ 377.32$（$mg/m^3$）。

$C_{SO_3}=3.36\times10^{-4}\times80\div13.10\div22.4\times10^6=91.6$（$mg/m^3$）。

当 $\alpha=1.2$ 时，干烟气量为：[491.4－(47.5＋0.027 8)]×22.4/1 000＋10.47×0.2＝12.04（m^3）。

CO_2 的体积为：73.58×22.4/1 000＝1.648（m^3/kg 重油）。

所以干烟气中 CO_2 的含量以体积计为：1.648×100/12.04＝13.69%。

任务二　燃烧过程中主要污染物的形成与控制

一、燃烧过程中硫氧化物的形成及控制

(一)燃料中硫的氧化机理

燃料中的硫在燃烧过程中与氧反应，主要产物是 SO_2 和 SO_3，但 SO_3 的浓度相当低。有机硫的分解温度较低，无机硫的分解速度较慢，含硫燃料燃烧的特征是火焰呈蓝色，原因是：$O+SO \rightarrow SO_2+hv$，在所有的情况下，SO 都作为一种重要的反应中间体。

不同燃料中 S 的存在形式不同，气体燃料中 S 以 H_2S 形式存在，液体燃料中 S 以有机硫形式存在，固体燃料中 S 以三种形式存在：FeS、硫单质、有机硫。

1.H_2S 的氧化

$$O+H_2S \rightarrow SO+H_2$$
$$SO+O_2 \rightarrow SO_2+O$$
$$O+H_2S \rightarrow OH+SH$$
$$O+H_2 \rightarrow OH+H$$
$$O_2+H \rightarrow OH+O$$
$$OH+H_2 \rightarrow H_2O+H$$

2.CS_2 和 COS 的氧化

$$CS_2+O_2 \rightarrow SOO+CS$$
$$CS+O_2 \rightarrow SO+CO$$
$$SO+O_2 \rightarrow SO_2+O$$
$$O+CS_2 \rightarrow CS+SO$$
$$O+CS \rightarrow CO+S$$
$$O+CS_2 \rightarrow COS+S$$
$$S+O_2 \rightarrow SO+O$$
$$COS+hv \rightarrow CO+S$$
$$S+O_2 \rightarrow SO+O$$
$$O+COS \rightarrow CO+SO$$
$$SO+O_2 \rightarrow SO_2+O$$

3.元素 S 的氧化

$$S_8 \rightarrow S_7+S$$
$$S+O_2 \rightarrow SO+O$$
$$S_8+O \rightarrow S_6+S+SO$$
$$SO+O \rightarrow SO_2^{*} \rightarrow SO_2+hv$$
$$SO+O_2 \rightarrow SO_2+O$$
$$SO_2+O_2 \rightarrow SO_3+O$$

$$SO_2+O+M \rightarrow SO_3+M$$

4.有机硫化物的氧化

$$RCH_2SSCH_2R+O_2 \rightarrow RCH_2S—S—CHR+HO_2$$

$$RCH_2S—S—CHR \rightarrow RCH_2S+RCHS$$

$$RCH_2S+RH \rightarrow RCH_2SH+R$$

$$RSH+O_2 \rightarrow HO_2+RS$$

$$RS+O_2 \rightarrow SO_2+R$$

(二)SO_x 的控制

SO_x 主要指 SO_2 和 SO_3，SO_2 是目前大气污染中排放量大、危害大、影响面广的污染物质，更严重的是 SO_2 与其他污染物的协同效应和二次污染物的危害，如硫酸烟雾等，因此必须对 SO_x 排放加以控制。控制的办法有燃料脱硫、燃烧过程中脱硫或烟气脱硫等。

1.燃料脱硫

燃料脱硫是指在燃料燃烧前对其所含硫分先行脱除，是防治硫氧化物对大气污染的主要环节之一。煤和燃料油的含硫量差异较大，为 0.5%～5%(质量)。硫在燃料中的形态因燃料种类不同也有很大不同。按照燃料中硫含量、硫的形态和要求的脱硫率，现已发展出多种脱硫工艺。

(1)物理方法选煤

选煤，即从原煤中分选出符合用户质量要求的精煤的过程。目前基本上是使用物理方法选煤，可以脱除原煤中的外在灰分和结核状黄铁矿硫。按工艺及环保要求，各种用煤煤质标准不同。我国规定炼焦用煤灰分不超过 11.5%，硫分小于 1%；动力煤要求灰分小于 15%，硫分小于 1%。故原煤必经分选，以除去煤中的矿物质。

目前物理选煤工艺普遍应用的是重选法和浮选法。

重选法：利用煤与矸石的相对密度差异(如烟煤相对密度为 1.2～1.5，矸石相对密度大于 1.8)，在水或重介质(重液，加入加重剂的悬浮液)和空气(干法)介质中进行分选的方法。重选法有重介质选、跳汰选、槽选等方法。

浮选法：利用煤和矸石间表面物理化学性质差异进行浮选。

其他物理方法还有：利用杂质可具磁性的特点进行磁力选煤；利用煤与杂质间电导率或介电常数不同进行电选。

(2)化学方法脱硫

化学方法脱硫不仅能脱无机硫，也能脱除有机硫，但生产成本昂贵，距工业应用尚有较大距离。

化学方法脱硫是借助化学反应使煤中有用成分富集，除去杂质和有害成分的工艺过程。目前在实验室常用化学方法脱硫。根据常用的化学药剂种类和反应原理的不同，化学方法脱硫可分为碱处理、氧化法和溶剂萃取等。

微生物脱硫技术从本质上讲也是一种化学法，它是把煤粉悬浮在含细菌的气泡液中，细菌产生的酶能促进硫氧化成硫酸盐，从而达到脱硫的目的。微生物脱硫技术目前常用的脱硫细菌有氧化亚铁硫杆菌、氧化硫杆菌、古细菌、热硫化叶菌等。

(3)煤的气化和液化

锅炉直接烧煤不仅热利用率低，而且煤燃烧时生成的烟和燃烧后剩余的灰分也会对环境造成污染。为了更有效和更充分地利用煤燃烧时所放出的热，同时减少对环境造成的破坏，我国和世界上一些发达国家都在研究煤的气化和液化问题，即对煤进行脱硫或加氢改变其原有的碳氢比，使煤转变为清洁的二次燃料。虽然在煤的气化或液化过程中，会有一部分煤的潜在的能量受到损失，但加工后得到的气态或液态燃料的热利用率高，而且比较清洁。

煤的气化，是指用水蒸气、氧气或空气作氧化剂，在高温下与煤发生化学反应，生成 H_2、CO、CH_4 等可燃混合气体(煤气)的过程。目前煤气化主要是碳和水蒸气的反应：$C+H_2O=CO+H_2$。

煤的液化，是将煤转化为清洁的液体燃料(汽油、柴油、航空煤油等)或化工原料的一种先进的洁净煤技术。煤的液化可以分为直接液化和间接液化两个途径。直接液化大致有氢化法和溶剂精制法。

2.燃烧过程中脱硫

燃烧过程中脱硫主要指燃烧过程中 SO_2 遇到碱金属氧化物如 CaO、MgO 等，便会反应生成 $CaSO_4$、$MgSO_4$ 等而被脱除掉。由于煤灰中含有部分碱金属氧化物，在不采取任何措施时，部分 SO_2 也会在燃烧中被脱除。

燃烧过程中的脱硫技术主要有固硫剂脱硫、流化床燃烧脱硫、型煤技术脱硫。

(1)固硫剂脱硫

固硫剂一般指脱除燃料、原料或其他物料中的游离硫或硫化合物的药剂，在污染物的控制和处理中主要指能去除废气中的硫氧化物(包括 SO_2 和 SO_3)所用的药剂。固硫剂脱硫主要是 LIMB 炉内喷钙技术和 LIFAC 烟气脱硫工艺。

炉内脱硫是在燃烧过程中，向炉内加入固硫剂如 $CaCO_3$ 等，使煤中硫分转化成硫酸盐，随炉渣排出。早在 20 世纪 60 年代末 70 年代初，炉内喷固硫剂脱硫技术的研究工作就已开展，而炉内喷钙脱硫工艺简单，投资费用低。

LIFAC 烟气脱硫工艺即在燃煤锅炉内适当温度区喷射石灰石粉，并在锅炉空气预热器后增设活化反应器，用以脱除烟气中的 SO_2。其工艺投资少，占地面积小，没有废水排放。

(2)流化床燃烧脱硫

流化床燃烧是固体燃料颗粒在炉床内经气体流化后进行燃烧的技术。当气流流过一个固体颗粒的床层时，若其流速达到使气流流阻压降等于固体颗粒层的重力时(即达到临界流化速度)，固体床本身会变得像流体一样，原来高低不平的界面会自动地流出一个水平面来，固体床料已经被流态化了，流化床燃烧即利用了这一现象。

流化床的优点：强化了气固两相的热量和质量交换；延长了燃料颗粒的停留时间；由于碰撞表面不断更新，促进了燃尽过程。流化床脱硫的优点：脱硫剂和二氧化硫能够充分混合接触，燃烧温度适宜，不易使脱硫剂烧结而损失化学反应表面，脱硫剂在炉内停留时间长，利用率高。

(3)型煤技术脱硫

将煤或半焦的煤粉加工成煤砖、煤球、蜂窝煤形状的型煤，根据含硫量在型煤中加入一定量的固硫剂可以在燃烧过程中同时脱硫。型煤可用于民用燃料、工业锅炉、造气、铸造及钢铁方面。型煤固硫剂可用廉价的石灰(又是黏结剂),黏结剂可用电石渣(与石灰作用相同)、焦油沥青、黄泥、纸浆废液等。燃烧型煤还可大大减少烟尘,并节能20%~30%。

3.烟气脱硫

烟气脱硫主要有吸收法和吸附法,以吸收法应用最为广泛,另外还有很多物理方法,如电子辐射法、等离子法等正在积极发展中。

吸收法又可分为湿法、干法和半干法。其中湿法脱硫是商业应用最广泛的方法,是采用碱溶液对烟气中的 SO_2 进行吸收,特点是反应速度快、脱硫效率高以及钙利用率高,可达到90%的脱硫率。湿法脱硫技术按脱硫剂的种类可分为以下五种方法:以 $CaCO_3$(石灰石)为基础的钙法,以 MgO 为基础的镁法,以 Na_2SO_3 为基础的钠法,以 NH_3 为基础的氨法,以有机碱为基础的有机碱法。其中钙法是当前最主要、应用最广的湿法烟气脱硫技术。干法中有旋转喷雾吸收法、烟气循环流化床脱硫等。

二、燃烧过程中颗粒物的形成

(一)碳粒子的生成

1.积炭的生成

积炭的生成过程有三个阶段:第一阶段是复杂的核化过程,即发生气相脱氢反应并产生凝聚相固体碳;第二阶段就是在这些核表面发生一些非均质反应;第三阶段是一种较为缓慢的凝团或凝聚过程。

积炭的出现主要取决于核化步骤和氧化这些中间体的那些反应速率。燃料的分子结构是影响积炭的主要因素,积炭的生成还与火焰的结构有关。

2.火焰的结构

预混火焰:气体燃料和空气在燃烧前充分混合。

扩散火焰:燃料和空气分别进入燃烧区,混合后发生反应(实际中应用最多)。

层流火焰:Re<2 200,分子扩散和传导是控制过程。

湍流火焰:Re>2 200,强烈的湍流作用,但分子扩散仍然起作用。

在扩散火焰中,碳的生成按下列顺序:(碳氢比依次减少)萘>苯>炔>双烯>单烯>烷;或按更一般的次序:芳香烃>炔烃>烯烃>烷烃。在预混火焰中,从分子结构来看,这种发烟趋势是不同的:萘>苯>醇>烷>烯>醛>炔。

因此,通过提供足够的氧与燃料化合能有效减少积炭生成;另外,在所有火焰中,压力越低则积炭生成趋势越小。

3.石油焦和煤胞的生成

石油焦:燃料油滴在被充分氧化之前,与炽热壁面接触,发生液相裂化和高温分解,出现结焦。石油焦是比积炭更硬的物质。

多组分重残油的燃烧后期会生成煤胞,难以燃烧。煤胞为微小的空心球形粒子,其大小与油滴的直径成正比,一般为10~300 μm。

焦粒生成反应的顺序:烷烃→烯烃→带支链芳烃→凝聚环系→沥青→半圆体沥青→沥青焦→焦炭。

(二)燃煤烟尘的形成

固体燃料燃烧产生的颗粒物通常称为烟尘。它包括黑烟和飞灰两部分:黑烟主要是未燃尽的碳粒;飞灰则主要是燃料所含的不可燃矿物质微粒,是灰分的一部分。

1.煤粉燃烧过程

煤粉燃烧主要燃料成分为挥发分和固体部分。挥发分燃烧速度快,对燃烧过程影响不大;固体部分决定煤燃烧过程性能,即碳的表面燃烧速率决定煤的燃烧性能。

实验证明,靠近碳表面的燃烧产物是CO,它扩散离开表面,并与氧反应生成CO_2,然后CO_2在两个方向上扩散——向着碳表面和离开表面。当CO_2达到碳表面时,它通过反应$CO_2+C\rightarrow 2CO$还原成CO,实际上到达碳表面的氧气很少,碳主要消耗在使CO_2还原成CO上面。

$$C_mH_n+\alpha O_2\rightarrow 2\alpha CO+\frac{2}{n}H_2+(m-2\alpha)C_s$$

(1)碳氧比对燃烧的影响

理论上碳氧比接近于1.0时,最易形成黑烟;在预混火焰中,碳氧比大约为0.5时最易形成黑烟。

(2)煤质对燃烧的影响

在理想条件下,是否容易形成黑烟,与煤的种类和质量有很大关系。据研究,易燃烧又少出现黑烟的燃料顺序为:无烟煤、焦炭、褐煤、低挥发分烟煤、高挥发分烟煤,即烟煤最易形成黑烟。

(3)灰分层的影响

灰分层的存在对非均质碳的燃烧反应具有催化作用,然而也增加了气体扩散阻力。

(4)改善燃烧过程措施

相关研究表明,碳粒子燃尽的时间与粒子的初始直径、粒子表面温度、氧气浓度等有关。因此,减少燃煤层气体中未燃尽碳粒的主要途径应当是改善燃料和空气的混合,保证足够高的燃烧温度,以及碳粒在高温区必要的停留时间。

2.影响燃煤烟气中飞灰排放特征的因素

燃煤尾气中飞灰的浓度和粒度与煤质、燃烧方式、烟气流速、炉排和炉膛的热负荷、锅炉运行负荷以及锅炉结构等多种因素有关。

三、燃烧过程中其他污染物的形成

除前面讲到的几种污染物外,燃烧过程还产生有机污染物、CO、Hg、NO_x、二噁英等。

(一)有机污染物的形成

有机污染物,常常指未燃尽的碳氢化合物,是燃料燃烧不完全的结果。

有些碳氢化合物,比如烷烃,对人体健康的危害并不严重,它在低浓度下总是惰性的;有些碳氢组分,例如多核有机化合物,已经证明当积累到某一临界浓度之上后能够引起癌症;比较活泼的碳氢化合物可能是产生光化学烟雾的直接原因。

简单燃料的火焰后区形成复杂的碳氢化合物,其主要历程为:

(1)链烃分子氧化脱氢形成乙烯和乙炔;

(2)延长乙炔的链形成各种不饱和基;

(3)不饱和基进一步脱氢形成聚乙炔;

(4)不饱和基通过环化反应形成 C_6-C_2 型芳香族化合物;

(5)C_6-C_2 基逐步合成为多环有机物。

(二)CO 的形成

CO 是所有大气污染物中量最大、分布最广的一种,也是燃烧过程中产生的主要污染物之一,全球排放量为 200×10^6 t/年。燃料中的碳都先形成 CO,然后进一步氧化。在火焰温度下有足够的氧并且停留时间足够长,可以降低 CO 含量,因此,所有控制 CO 排出的努力都集中在完全氧化 CO,而不是企图阻止它的形成。

CO 的形成和破坏都由动力学控制,反应路线为:RH → R → RCHO → RCO → CO。

(三)Hg 的形成

Hg 的挥发性很强,对人体健康的危害包括导致肾功能衰竭,损害神经系统等。煤炭燃烧是 Hg 的一大来源,煤中 Hg 的析出率与燃烧条件有关,当燃烧温度大于 900 ℃时,析出率大于 90%。此外,在还原性气氛下 Hg 的析出率低于氧化性气氛。当前,Hg 排放控制是燃煤污染控制的新课题之一。

(四)NO_x 的形成

自然界中的 NO_x 主要来源于工业排放,燃烧过程中几乎全部生成 NO,NO 在大气中遇到 O_2 氧化成 NO_2,NO_2 是毒性很强的气体,对植物生长也有很大影响。

燃料燃烧过程中 NO_x 的形成有三种形式。燃料型 NO_x:由燃料中的氮化物热分解后氧化产生;热力型 NO_x:高温下 N_2 氧化生成;瞬时 NO_x:由空气中的 N_2 与燃料中的碳氢离子团反应产生。

(五)二噁英的形成

二噁英是具有相似结构和理化特性的一组氯化物簇的简称,包括多氯二苯并-对-二噁英(简称 PCDDs)和多氯二苯并呋喃(简称 PCDFs),我国的环境标准中把它们统称为二噁英类。

二噁英的产生主要是由两方面因素造成的。一是在制造包括农药在内的化学物质,尤其是氯系化学物质,如杀虫剂、除草剂、木材防腐剂、落叶剂、多氯联苯等产品的过程中衍生出的;二是在焚烧炉燃烧垃圾过程中产生,焚烧温度低于 800 ℃,塑料之类的含氯垃圾不完全燃烧,极易生成二噁英。

二噁英随烟雾扩散到大气中,通过呼吸进入人体的是极小部分,更多的则是通过食品被人体吸收。以鱼类为例,二噁英粒子随雨落到江湖河海,被水中的浮游生物吞食,浮游生物被小鱼吃掉,小鱼又被大鱼吃掉,二噁英在食物链全程中慢慢积淀浓缩,聚在大鱼体内的浓度已是水中的 3 000 多倍,而处于食物链顶端的人类体内将会聚集更多的二噁英,可怕的是,一旦摄入二噁英就很难排出体外,积累到一定程度,可能引起一系列严重疾病。

二噁英属于氯代环三芳烃类化合物,在人体中不能降解、不能排出,是对人体健康有很大威胁的环境污染物。它有强烈的致癌性,而且能造成畸形,对人体的免疫功能和生殖功能造成损伤。

练习题

一、填空题

1.常规燃料按其物理状态可分为________、________、________。

2.煤的工业分析常用的基准有________、________、________、________。

3.燃料完全燃烧的条件有________、________、________、________。

4.空气过剩系数的大小与________、________、________等因素有关。

5.燃烧过程中的实际烟气体积等于________、________之和。

二、选择题

1.下列哪种属于人工燃料?(　　)

A.石油　　B.煤　　C.天然气　　D.汽油

2.煤中(　　)形态的硫不参与燃烧过程。

A.硫化铁硫　　B.硫酸盐硫　　C.元素硫　　D.有机硫

3.燃烧过程的“三 T”不包括(　　)。

A.温度　　B.发热量　　C.时间　　D.湍流度

4.煤燃烧过程中,一般灰分(　　),含水量(　　),则排尘浓度越高。

A.越高,越高　　B.越低,越低　　C.越高,越低　　D.越低,越高

5.下列属于物理方法脱硫的是(　　)。

A.碱处理　　B.浮选法　　C.氧化法　　D.溶剂萃取

三、简答题

1.非常规燃料按其来源可分为几类?

2.燃烧气体燃料造成的大气污染比燃烧固体燃料造成的大气污染程度轻的原因是什么?

3.烟气中硫氧化物主要以哪种形式存在?若 SO_2 全部转化为 SO_3,会给燃烧后继过程带来哪些不利影响?

4.为什么近年来燃煤过程中的汞排放受到广泛关注?

四、计算题

1.已知重油元素分析结果为:C,86.3%;H,10.5%;O,2.0%;N,0.2%;S,1.0%。试计算:燃烧 1 kg 重油所需的理论空气量和产生的理论烟气量。

2.已知重油元素分析结果为:C,85.5%;H,11.05%;O,0.2%;水分,2.25%(含 N 量不计),试计算空气过剩系数 $\alpha=1.1$ 时的空气量和产生的烟气量。

项目三　大气扩散浓度估算及厂址选择

项目内容及要求：

污染物排入大气后是否引起严重大气污染，除取决于污染物的排入量外，与污染物在大气中的扩散稀释速度关系极大。各区域常常进行环境监测，测定各污染物的情况，监测发现在同天大气监测值差别很大，有时监测值会差几百倍。这种现象与污染物的传输扩散和气象条件有着密切的关系。近年来，在研究各种气象条件对大气污染物的传输扩散作用及大气污染物对天气和气候的影响条件中逐渐形成了一门新的分支学科——大气污染气象学。本项目通过讨论气象条件及地理条件对大气污染物的传输扩散作用，使同学们初步掌握厂址选择和烟囱设计中的一些问题，为进一步学习大气污染控制知识打下基础。

知识目标：

1.熟悉大气污染气象学知识；

2.掌握大气污染物扩散的影响因素；

3.掌握高斯扩散模式；

4.掌握烟气抬升高度的计算。

能力目标：

1.会根据实际情况选择合适的扩散模式估算大气污染物的扩散浓度；

2.会根据大气污染状况选择厂址。

任务一　大气扩散浓度估算

一、影响烟气扩散的因素

（一）气象条件对烟气扩散的影响

1.风对烟气扩散的影响

（1）整体输送作用。

(2)对污染物的冲淡稀释作用。

对地面污染源来说:风速大,地面污染物浓度就小;风速小,地面污染物浓度就大;无风时,近污染源处地面污染更为严重。

对高架污染源来说:一方面,风速增大会降低抬升高度,使烟气的着地浓度增大;另一方面,风速增大能增加湍流,加快污染物的扩散,使烟气的着地浓度降低。

对于某一高架污染源,存在危险风速,在该风速下地面可能出现最高污染物浓度。

对下风向所有点的平均浓度而言,风速增大对减轻污染是比较有利的。

风的大小对烟流扩散的影响如图 3-1 所示。

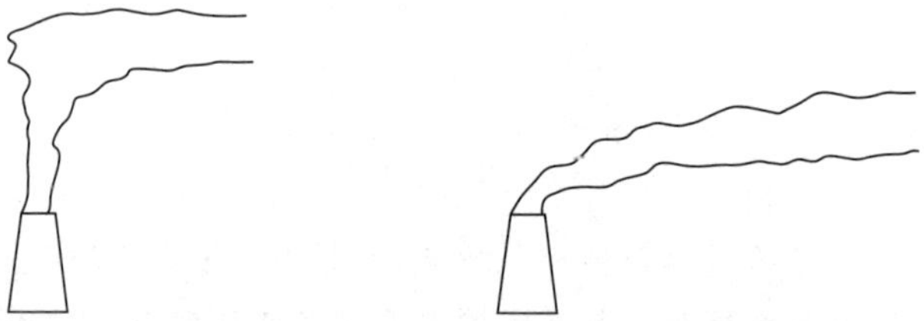

a.垂直烟流　　b.弯曲烟流

图 3-1　风的大小对烟流扩散的影响

2.大气湍流对烟气扩散的影响

大气湍流是指大气因受动力湍流影响所形成的不规则运动气流。不同于主流方向(平均风向)的各种尺度的次生运动或旋涡运动,即湍流运动。湍流扩散速率比分子扩散速率快105～106 倍。风速越大,湍流越强,污染物的稀释扩散速率就越快,大气污染物的浓度就越低。

3.气温的垂直分布对烟气扩散的影响

为了判定近地面气层中气温的垂直变化情况,气象学中引入一个特征值 γ_d,$\gamma_d=\frac{-\mathrm{d}T_i}{\mathrm{d}Z}$(其中 T_i 表示干空气的温度),表示干空气块在绝热状态下垂直位移过程中的温度变化。这是一理论值,表示一干空气块和周围的空气没有任何热量交换。此时温度随高度的变化率可由热力学第一定律算出,通常取位移 100 m 时温度变化的数值,称为干空气温度的绝热垂直递减率(简称干绝热直减率):

$$\gamma_d=\frac{0.98\ ℃}{100\ \mathrm{m}}\approx\frac{1\ ℃}{100\ \mathrm{m}}$$

在现实中,当天空浓云满布,云幕既可阻止大量太阳辐射进入地表,又可阻挡辐射离开地表,即近乎"绝热"状态。

真实的大气温度随高度分布 γ、时间和空间而变化,$\gamma=\frac{-\mathrm{d}T}{\mathrm{d}Z}$,称为气温的垂直递减率,也称为气温的几何梯度,以高度每变化 100 m 时气温的度数表示。对流层实际大气的平均状态为 $\gamma=\frac{0.65\ ℃}{100\ \mathrm{m}}$。

气温的垂直分布,也可用坐标曲线来表示,如图 3-2 所示,称为大气温度层结曲线。

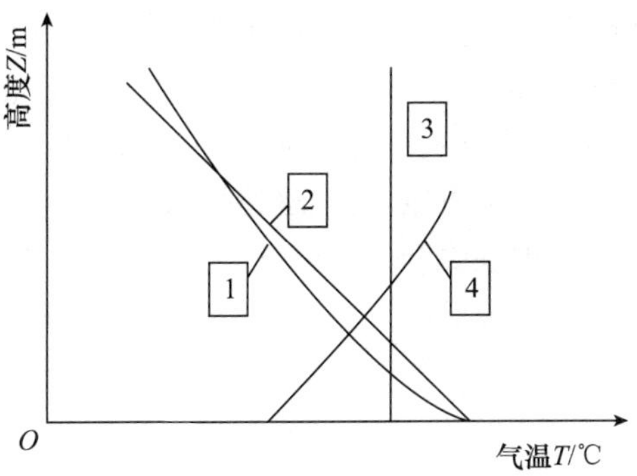

图 3-2 大气温度层结曲线

1—$\gamma>0$；2—$\gamma=\gamma_d$；3—$\gamma=0$；4—$\gamma<0$

大气中的温度层结有四种类型：①气温随高度增加而递减，即 $\gamma>0$，称为正常分布层结或递减层结；②气温垂直递减率等于或近似于干绝热直减率，即 $\gamma=\gamma_d$，称为中性层结；③气温不随高度变化，即 $\gamma=0$，称为等温层结；④气温随高度增加而增加，即 $\gamma<0$，称为气温逆转，简称逆温。

大气的温度层结与大气污染关系密切。

当 $\gamma>0$ 时，由于气温随高度增加而下降，空气形成上下对流，湍流随之发展，对污染物扩散有利。γ 越大，对流越快，污染物越易扩散。

当 $\gamma=0$ 时，温度不随高度变化，形成等温层，空气垂直运动不存在，大气较稳定，不利于污染物的扩散和稀释。

当 $\gamma<0$ 时，逆温层结形成，暖而轻的空气在上面，冷而重的空气在下面，气温很稳定，空气的对流和湍流运动受到抑制，污染物极难输送扩散。大多数空气污染事件都发生在有逆温及静风的气象条件下，所以应对逆温加以重视。

根据逆温层形成的原因，可将逆温分为辐射逆温、下沉逆温、地形逆温、锋面逆温和平流逆温等几种类型，其中与空气污染关系最密切的是辐射逆温。辐射逆温的生消过程如图 3-3 所示。

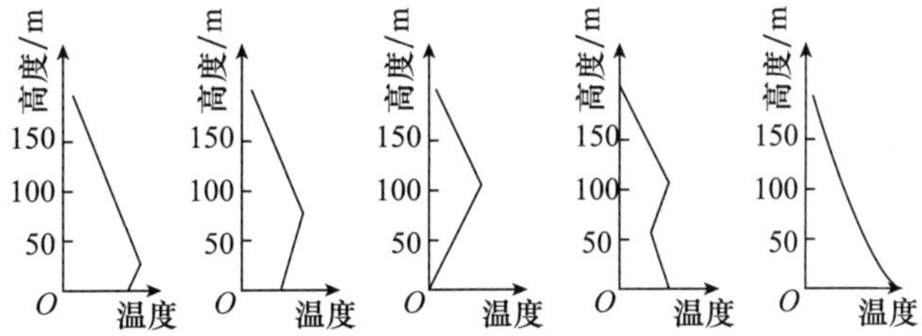

图 3-3 辐射逆温的生消过程

4.大气垂直稳定度对烟气扩散的影响

大气稳定度是指近地层大气做垂直运动的强弱程度，即气块是安定于原来所在的层次，还是易于发生垂直运动。

(1)当 $\gamma>\gamma_d$ 时，气块总要离开原来的位置，也就是气块一旦开始上升，就持续上升；一旦开始下降，就持续下降。这样大气湍流增大，处于不稳定状态。

(2)当 $\gamma<\gamma_d$ 时，气块有返回原来位置的趋势，湍流减弱，大气处于稳定状态。

(3)当 $\gamma=\gamma_d$ 时，气块可停留在任何一个位置，此时大气处于中性状态。

当大气处于不稳定状况时，对流强烈，烟气迅速扩散。

大气处于强稳定状态时，出现逆温层，好像一个"盖子"，使烟气不易扩散，污染物聚集地面，可造成严重污染。因此严重的大气污染往往发生在逆温及无风的天气。

从烟形的变化上，也能明显看出大气稳定度和风对烟气在大气中运行和扩散的影响。

(1)翻卷形(图 3-4)

出现条件为 $\gamma>\gamma_d$，大气极不稳定。烟形呈翻卷形，扩散良好。常出现在晴朗的白天、强烈的阳光和微风的天气。

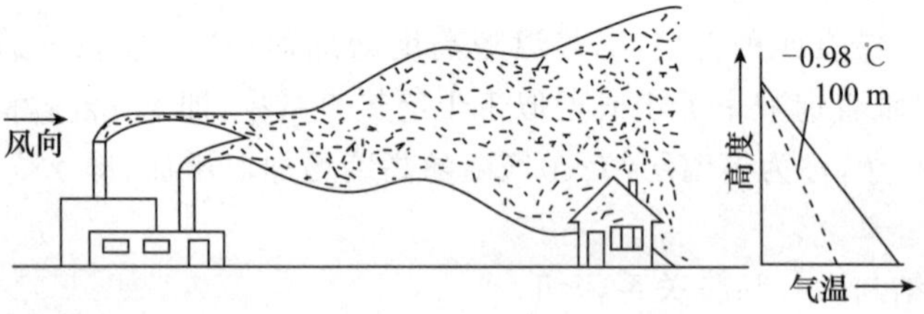

图 3-4 翻卷形

(2)锥形(图 3-5)

出现在近中性状态的天气。无论白天、黑夜或云量较多的天气都可能出现锥形烟。烟气沿风向越扩越大，呈锥形。该烟流能把污染物的主要部分带到相当远的下风向。

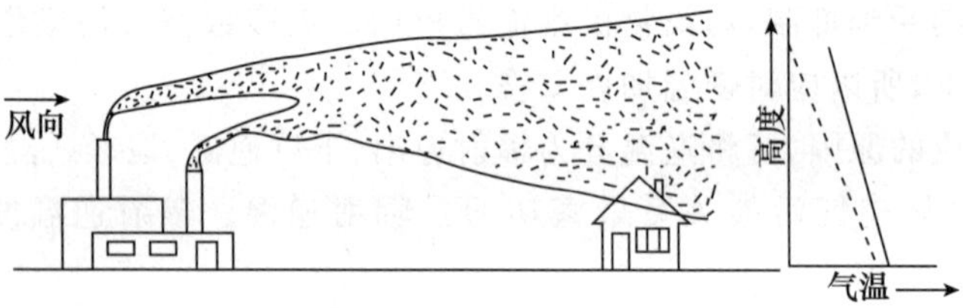

图 3-5 锥形

(3)扇形(图 3-6)

又称长带形，它发生在烟囱的出口处于逆温层中，上下层大气均属于强稳定的条件。它在垂直方向扩散很小，像一条带子飘向远方。从上面看烟流呈扇形展开。当有效源高度很低时，在近距离的地面上会造成严重污染。

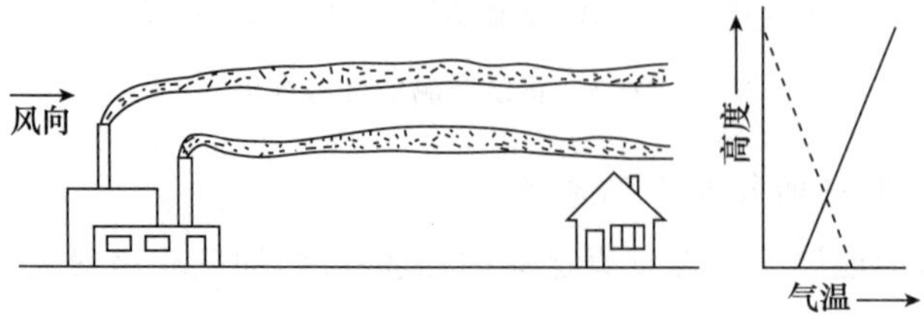

图 3-6 扇形

(4)屋脊形(图 3-7)

又称上扬形,出现条件为下层大气强烈稳定(逆温),而上层大气不稳定,一般在日落后出现。它持续时间短,对近距离污染较小。随着逆温层逐步上升,屋脊形将转变为扇形。

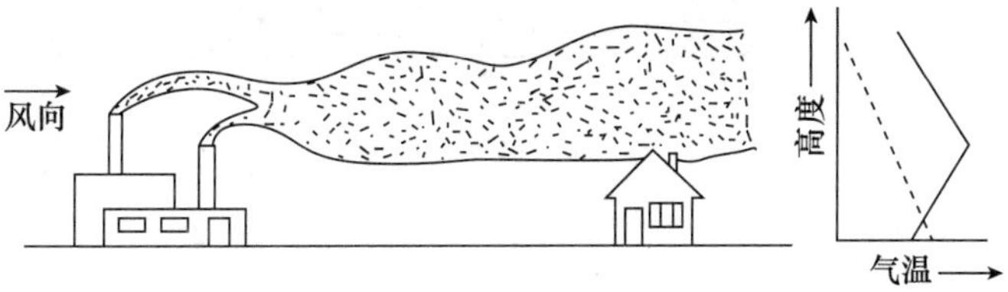

图 3-7 屋脊形

(5)漫烟形(图 3-8)

又称下喷形,与屋脊形相反,出现条件为上层大气强烈稳定(逆温),而下层大气不稳定。烟囱上面的逆温层就像一个"锅盖",组织烟气向上扩散,大量下沉,在下风向地面造成严重的污染,多发生在日出后的 8—10 时。持续时间较短,一般在 0.5～1 h。

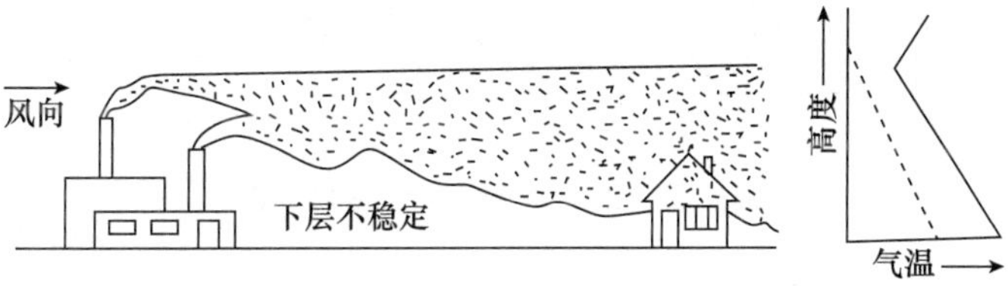

图 3-8 漫烟形

(二)下垫面对烟气扩散的影响

地形或地面状况的不同,即下垫面情况的不同,会影响到该地区的气象条件,形成局部地区的热力环流,表现出独特的局地气象特征。除此之外,下垫面本身的机械作用也会影响到气流的运动,如下垫面粗糙,湍流就可能较强,下垫面光滑平坦,湍流就可能较弱。因此下垫面通过影响该地的气象条件影响着污染物的扩散,同时也通过本身的机械作用,影响着污染物的扩散。

1.城市下垫面对烟气扩散的影响

(1)城市人口密集、工业集中,能耗水平高。

(2)城市覆盖物热容大,白天吸收太阳辐射热,夜间放热缓慢。

(3)城市上空笼罩着一层烟雾和二氧化碳,使地面有效辐射冷却效应减弱。

因为城市温度比乡村高,气压比乡村低,所以可以形成一股从周围农村吹向城市的特殊气流,称为"热岛环流"。夜间城乡温差最大,城市风最容易出现,这种风在市区汇合后就会产生上升气流,周围郊区二次空气吹向城市中心进行补充(图 3-9)。

若城市周围有产生污染物的工厂,就会使污染物在夜间向市中心输送,使市中心的污染物浓度反而高于郊区工业区,造成严重污染,特别是城市上空逆温存在时,会使污染加重。

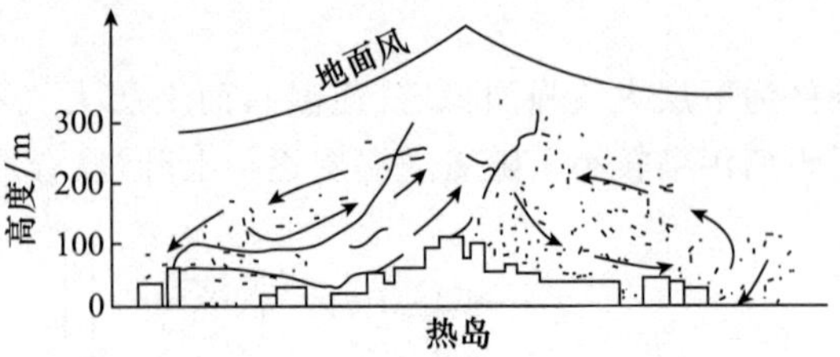

图 3-9　城市风示意

2.地形对大气扩散的影响

当烟气运行时，碰到高的丘陵或山地，在其附近会引起高浓度的污染。烟气越过不太高的丘陵，在背风面下滑，产生涡流，出现严重污染（图 3-10）。

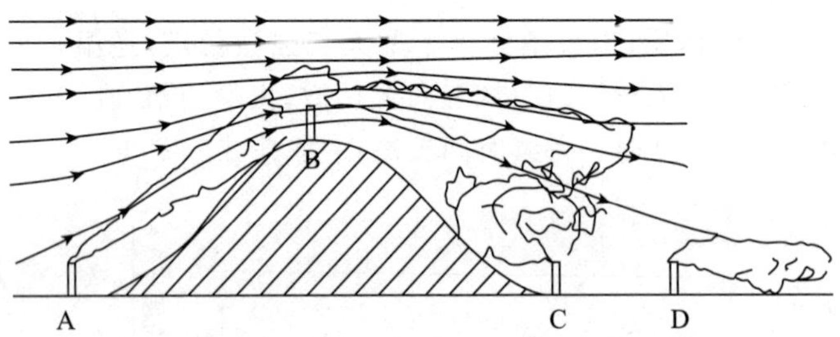

图 3-10　山丘对烟气扩散影响示意

晴朗的夜晚，由于地面辐射冷却得快，山沟两侧贴近山坡的冷而重的大气顺坡下滑形成下坡风，又称山风（图 3-11a）。具有日照的白天形成上坡风，称为谷风（图 3-11b）。

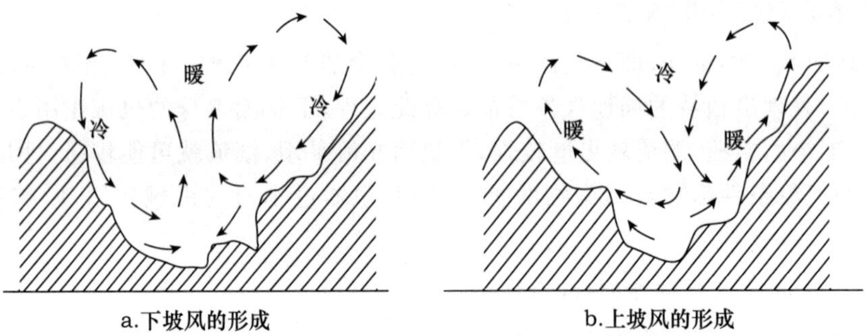

图 3-11　下坡风和上坡风的形成

日出日落前后，山沟中污染源排出的污染物由于风向来回摆动，产生循环积累，造成高浓度污染。

夜间沿坡下滑的冷空气因无法扩散而聚集在谷底，形成厚而强的逆温层。在易于出现小风并伴随逆温的凹地处，污染源排放的污染物往往会造成严重的大气污染。

（三）水陆交界区对烟气扩散的影响

水陆交界处，由于水面和陆面的热导率和热容不同，水面温度变化比陆面小，白天陆面增温快，陆上气温比海上高，暖而轻的空气上升，于是上层空气由大陆吹向海洋，下层空气则由海洋流向陆地，形成海风。夜间相反，形成陆风，一般海风比陆风大。白天陆地上的污染物随气流上升后，在上层流向海洋，下沉后有可能部分被海风带回陆地。夜间陆风吹向海洋的污染物，白天也有可能部分地被带回陆地，形成重复污染。

如果盛行风和海风方向相反，温度低的海风在下，陆地上暖气流在上，则两种气流的前沿形成倾斜的逆温顶盖，靠近岸边低矮的烟流受该逆温顶盖的控制，污染物不易扩散，可形成较高浓度的污染（图 3-12）。

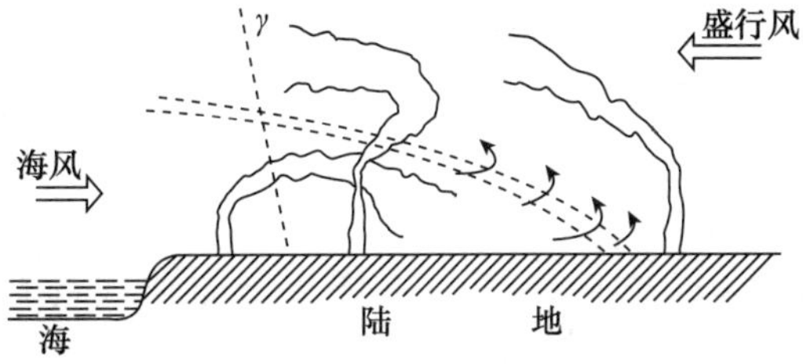

图 3-12　海陆风对扩散的影响示意

海边工厂的排污，必须考虑海陆风的影响，因为有可能出现在夜间随陆风吹到海面上的污染物，在白天又随海风吹回来，或者进入海陆风局地环流中，使污染物不能充分扩散稀释而造成严重的污染。

二、污染物浓度的估算

（一）污染物浓度估算公式——高斯公式

高斯扩散模型如图 3-13 所示。

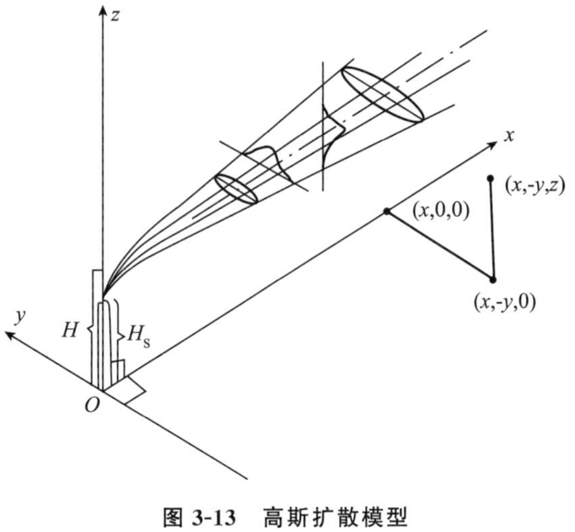

图 3-13　高斯扩散模型

假定 1：烟气烟羽形状，是污染源排放的污染物在风向沿 x 轴的大气中扩散的情况。

假定 2：烟羽内 y、z 方向的浓度呈正态分布，则在空间位置为（x，y，z）的某处，可以用高斯公式计算出高架点源（0，0，H）造成的污染物浓度。

假定 3：对空中的污染源来说，地面犹如一面镜子，空间任意一点（x，y，z）的浓度，是位于（0，0，H）的“实源”与位于（0，0，$-H$）的“像源”两者共同作用的结果。

高斯公式

$$c(x,y,z,H)=\frac{Q}{z\pi\,\overline{\mu}\sigma_y\sigma_z}\exp\left(-\frac{y^2}{2\sigma_y^2}\right)\left\{\exp\left[-\frac{(z-H)^2}{2\sigma_z^2}\right]+\exp\left[-\frac{(z+H)^2}{2\sigma_z^2}\right]\right\}$$

式中，$c(x,r,z,H)$——任一点污染物的浓度，mg/m^3；

Q——源强，单位时间污染源排放的污染物，mg/s；

y——横间距离，m；

z——垂直方向距离，m；

H——有效源排放高度（源高），m；

σ_y——水平（y）方向上任一点烟气分布曲线的标准偏差，即水平扩散系数，m；

σ_z——垂直（z）方向上任一点烟气分布曲线的标准偏差，即垂直扩散系数，m；

$\overline{\mu}$——平均风速，m/s。

（二）扩散参数的确定

1.P-T-C 法

（1）确定净辐射分级（表 3-1）

表 3-1　净辐射分级

云量（十分制）	夜晚	白天的太阳高度角 θ			
		$\theta\leqslant15°$	$15°<\theta\leqslant35°$	$35°<\theta\leqslant55°$	$\theta>55°$
<3	−2	−1	+1	+2	+3
任一高度上为 2 或 4，或 5 000 m 以上云量为 6～9	−1	0	+1	+2	+3
5 000 m 以上>9，或 2 000～5 000 m 云量为 6～9	−1	0	0	+1	+1
2 000 m 以下云量为 6～9	0	0	0	0	+1
2 000 m 以下云量>9	0	0	0	0	0

（2）确定宏观稳定度（表 3-2、表 3-3）

表 3-2　稳定度类型（一）

地面上 10 m 处风速/(m/s)	净辐射等级					
	+3	+2	+1	0	−1	−2
<2	A	A～B	B	D	E	F
2～3	A～B	B	C	D	E	F
3～5	B	B～C	C	D	D	E
5～6	C	C～D	D	D	D	D
>6	C	D	D	D	D	D

注：A 为极不稳定，B 为不稳定，C 为弱不稳定，D 为中性，E 为弱稳定，F 为中等稳定。

表 3-3 稳定度类型(二)

地面上 10 m 处风速/(m/s)	白天			阴云密布的白天或夜晚	夜晚	
	日照强	日照中等	日照弱		薄云遮天或低云≥4/8	云量≤3/8
<2	A	A~B	B	D		
2~3	A~B	B	C	D	E	F
3~5	B	B~C	C	D	D	E
5~6	C	C~D	D	D	D	D
>6	C	D	D		D	D

注：A 为极不稳定，B 为不稳定，C 为弱不稳定，D 为中性，E 为弱稳定，F 为中等稳定。

(3)确定扩散参数(图 3-14、图 3-15)

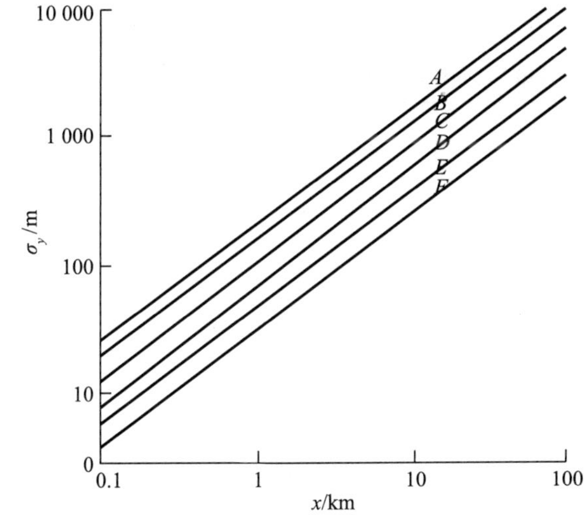

图 3-14 σ_y 与下风向距离之间的关系

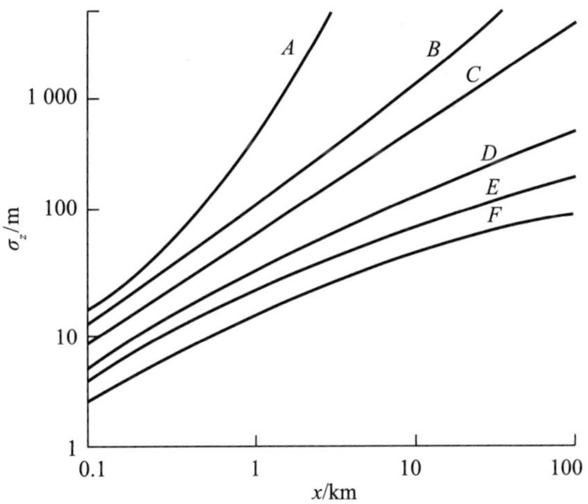

图 3-15 σ_z 与下风向距离之间的关系

【例 3-1】 某石油精炼厂自平均高度 80 m 处排放 SO_2 量为 80 g/s，有效源高度的平均风速为 4.6 m/s，试估算：

(1)冬季阴天正下风向距烟囱 500 m 处 SO_2 的地面浓度；

(2)冬季阴天正下风向 $x=500$ m，$y=50$ m 处 SO_2 的地面浓度。

解：

$$c(500,0,0,8)=\frac{Q}{\pi\bar{\mu}\sigma_y\sigma_z}\exp\left(-\frac{H^2}{2\sigma_y^2}\right)=\frac{8\times10^4}{3.14\times4.6\times35.5\times18.1}\exp\left[\left(-\frac{1}{2}\right)\left(\frac{80}{18.1}\right)^2\right]$$

$$=4.94\times10^{-4}(\mathrm{mg/m^3})$$

$$c(x,y,z,H)=\frac{Q}{2\pi\bar{\mu}\sigma_y\sigma_z}\exp\left(-\frac{y^2}{2\sigma_y^2}\right)\left\{\exp\left[-\frac{(z-H)^2}{2\sigma_z^2}\right]+\exp\left[-\frac{(z+H)^2}{2\sigma_z^2}\right]\right\}$$

$$c(500,50,0,80)=\frac{Q}{\pi\bar{\mu}\sigma_y\sigma_z}\exp\left(-\frac{y^2}{2\sigma_y^2}\right)\exp\left(-\frac{H^2}{2\sigma_z^2}\right)$$

$$=\frac{8\times10^4}{3.14\times4.6\times35.5\times18.1}\exp\left(-\frac{50^2}{2\times35.5^2}\right)\exp\left[\left(-\frac{1}{2}\right)\left(\frac{80}{18.1}\right)^2\right]$$

$$=1.83\times10^{-4}(mg/m^3)$$

2.经验公式法和中国选用的扩散参数

$$\sigma_y=ax^b$$

$$\sigma_z=cx^d$$

a,b,c,d 是与稳定度有关的经验系数。

(1)平原地区农村及城市郊区的扩散参数选取方法:A、B、C 级稳定度直接由表 3-4 查出扩散参数 σ_y、σ_z 的幂函数。D、E、F 级稳定度则需要向不稳定方向提半级后查算。

(2)工业区或城区的扩散参数的选取方法:工业区 A、B 级不提级,C 级提到 B 级,D、E、F 级向不稳定方向提一级半再按表 3-4 查算;非工业区的城区 A、B 级不提级,C 级提到 B～C 级,D、E、F 级向不稳定方向提一级,按表 3-4 查算。

(3)丘陵山区的农村或城市,其扩散参数选取方法同城市工业区。

表 3-4　扩散参数幂函数表达式数据(取样时间 0.5 h)

扩散参数	稳定度等级(P・S)	b 或 d	a 或 c	下风向距离/m
σ_y	A	0.901 074	0.425 809	0～1 000
		0.850 934	0.602 052	>1 000
	B	0.914 37	0.281 846	0～1 000
		0.865 014	0.396 353	>1 000
	B～C	0.919 325	0.229 5	0～1 000
		0.875 086	0.314 238	>1 000
	C	0.924 279	0.177 154	0～1 000
		0.885 157	0.232 123	>1 000
	C～D	0.926 849	0.143 94	0～1 000
		0.886 94	0.189 396	>1 000
	D	0.929 481	0.110 726	0～1 000
		0.888 723	0.146 669	>1 000
	D～E	0.925 118	0.098 563 1	0～1 000
		0.892 794	0.124 308	>1 000
	E	0.920 818	0.086 400 1	0～1 000
		0.896 864	0.124 308	>1 000
	F	0.929 481	0.055 363 4	0～1 000
		0.888 723	0.073 334 8	>1 000

续表 3-4

扩散参数	稳定度等级(P·S)	b 或 d	a 或 c	下风向距离/m
σ_z	A	1.121 54	0.079 990 4	0～300
		1.523 6	0.008 547 71	300～500
		2.108 81	0.000 211 545	＞500
	B	0.941 015	0.127 19	0～500
		1.093 56	0.057 025 1	＞500
	B～C	0.941 015	0.114 682	0～500
		1.007 7	0.075 718 2	＞500
	C	0.917 595	0.106 803	0
	C～D	0.838 628	0.126 152	0～2 000
		0.756 41	0.235 667	2 000～10 000
		0.815 575	0.136 659	＞10 000
	D	0.826 212	0.104 634	1～1 000
		0.632 023	0.400 167	1 000～10 000
		0.555 36	0.810 763	＞10 000
	D～E	0.776 864	0.111 771	0～2 000
		0.572 347	0.528 992	2 000～10 000
		0.499 149	1.038 1	＞10 000
	E	0.788 37	0.092 752 9	0～1 000
		0.565 188	0.433 384	1 000～10 000
		0.414 743	1.732 41	＞10 000
	F	0.784 4	0.062 076 5	0～1 000
		0.525 969	0.370 015	1 000～10 000
		0.322 659	2.406 91	＞10 000

【例 3-2】 某化工厂动力锅炉，从有效高度为 100 m 的烟囱排放 SO_2 10 g/s，烟囱出口的风速为 4 m/s，试估算在大气处于中性状态(D 类稳定度)距烟囱 1 km 正下风向的轴向地面浓度及在同一下风距离但离轴线 200 m 处的侧向 SO_2 浓度。

解：已知 $H=10$ m，$Q=10$ g/s，$x=1\ 000$ m

在 D 类稳定度时，查表 3-4 可得到：$a=0.111$，$b=0.929$，$c=0.104$，$d=0.826$

则 $\sigma_y=ax^b=0.111\times1\ 000^{0.929}=67.97(\text{m})$

$\sigma_z=cx^d=0.104\times1\ 000^{0.826}=31.26(\text{m})$

所以，距烟囱 1 km 正下风向的轴向地面浓度为

$$c(1\ 000,0,0,100)=\frac{Q}{\pi\bar{\mu}\sigma_y\sigma_z}\exp\left(-\frac{H^2}{2\sigma_z^2}\right)$$

$$=\frac{10\times10^3}{3.14\times4\times67.97\times31.26}\exp\left[\left(-\frac{1}{2}\right)\left(\frac{100}{31.26}\right)^2\right]=0.022\ 5(\text{mg/m}^3)$$

距烟囱 1 km 下风距离但离轴线 200 m 处的侧向 SO_2 浓度为

$c(1\,000,200,0,100)$

$$=\frac{Q}{\pi\,\bar{\mu}\sigma_y\sigma_z}\exp\left(-\frac{y^2}{2\sigma_y^2}\right)\exp\left(-\frac{H^2}{2\sigma_z^2}\right)$$

$$=\frac{10\times10^3}{3.14\times4\times67.97\times31.26}\exp\left(-\frac{200^2}{2\times67.97^2}\right)\exp\left[\left(-\frac{1}{2}\right)\left(\frac{100}{31.26}\right)^2\right]$$

$$=2.97\times10^{-4}(\text{mg/m}^3)$$

(三)地面最大浓度

地面源所造成的轴线浓度随距污染源距离的增加而降低。

对于高架源,地面轴线浓度先随距离(x)增加而急剧增大,在距地面源不太远的距离处(通常为1～3 km),地面轴线浓度达到最大值。超过最大值以后,随x继续增加,地面轴线浓度逐渐减小。

地面最大浓度:

$$c_{\max}=\frac{2Q}{\pi e\,\bar{\mu}H^2}\times\frac{\sigma_z}{\sigma_y}$$

最大浓度出现于满足下列关系的正下风向处,即最大浓度点的值为

$$\sigma_z=\frac{H}{\sqrt{2}}$$

【例3-3】 某污染源有效源高是60 m,排出SO_2量为80 g/s,烟囱出口处的平均风速为6 m/s,在当时的气象条件下,正下风向500 m处的$\sigma_y=35.3$ m,$\sigma_z=18.1$ m。试估算地面最大浓度$c_{\max}$及出现的位置。

解:已知$H=60$ m,$Q=80$ g/s,$\bar{\mu}=6$ m/s,正下风向500 m处的$\sigma_y=35.3$ m,$\sigma_z=18.1$ m。当σ_y/σ_z的比值恒定时,地面最大浓度为

$$c_{\max}=\frac{2Q}{\pi e\,\bar{\mu}H^2}\times\frac{\sigma_z}{\sigma_y}=\frac{2\times80\times10^3}{3.14\times2.722\times6\times60^2}\times\frac{18.1}{35.3}=4.44\times10^{-4}(\text{mg/m}^3)$$

出现地面最大浓度时的σ_z值为:

$$\sigma_z=\frac{H}{\sqrt{2}}=\frac{60}{\sqrt{2}}=42.43(\text{m})$$

三、烟气抬升现象和烟气抬升高度

(一)烟气抬升现象

1.定义

烟气离开烟囱排放口后,由于受到浮力和惯性力作用而发生的上升。

2.烟气抬升的四个阶段(图3-16)

(1)喷出阶段　烟气自烟囱垂直向上喷出,因自身初始动量继续上升。随着烟流空气湍流混合,烟气体积逐渐增大并获得水平动量,烟气渐渐向水平方向弯曲。

(2)浮升阶段　烟气离开烟囱后,初始动量的主导作用渐渐消失,浮力作用渐渐成为主导,烟气体积不断增大,烟流继续上升。对于热烟气来说,这是烟气抬升的主要阶段。

(3)瓦解阶段　在浮升阶段的后期,烟流的浮升速度已经很慢。环境湍流使烟气体积进一

步增大，烟流自身的结构也在短时间内瓦解，烟气原先的热力和动力性质丧失，抬升结束。

(4)变平阶段 环境湍流继续使烟气扩散膨胀，烟流逐渐变平。

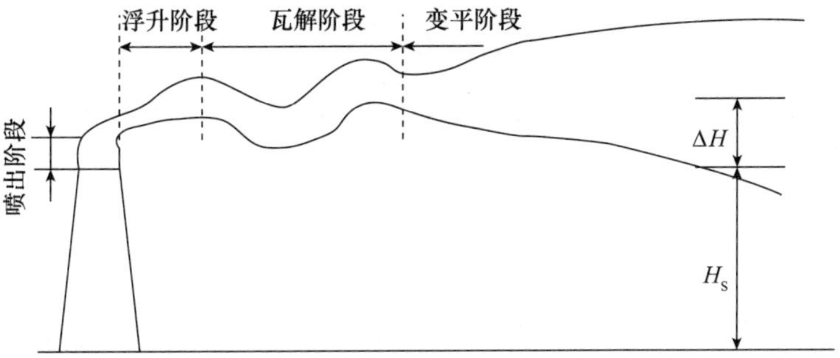

图 3-16 烟气抬升的四个阶段

为分析和理解烟气抬升现象，按烟气初始排放的参数不同，可将抬升烟气分为动量抬升烟气和浮力抬升烟气。浮力抬升烟气是由于烟气温度高于大气温度而产生浮力的作用，烟气的抬升温度较低的烟气。动量提升烟气是由于烟气与大气的温差产生的浮力很小或根本没有浮力的作用，烟气的抬升主要是由烟气的初始动量提供的烟气。一般来说，浮力对烟气抬升的贡献远远大于动量对烟气的抬升。

(二)烟气抬升高度的计算

给出烟气抬升的精确定义是很困难的，通常所说的烟气抬升高度是指下风向某一距离处，烟气的轴线与烟囱口所在平面的最大垂直距离。

由于影响烟气抬升的因素很多，至今还没有一个计算式能够准确表达烟气抬升的规律。现在所用的计算式都是在一定的实验条件下，经数据处理而建立的经验式或半经验式，它们都有一定的适应条件和局限性。这里介绍几种常用的计算方法。

1.霍兰德公式

霍兰德在 1953 年对大量烟云抬升实验数据进行整理，提出如下抬升高度公式：

$$\Delta H=\frac{U_s d_s}{\mu}\left[1.5+2.7\times\frac{(T_s-T_a)d_s}{T_s}\right]=-\frac{1}{\bar{\mu}}(1.5U_s d_s+9.79\times10^{-3}Q_H)$$

式中，ΔH——烟云抬升高度，m；

U_s——烟囱排出口的排烟速度，m/s；

d_s——烟囱排出口的内径，m；

$\bar{\mu}$——烟囱口高度上的平均风速，m/s；

Q_H——烟气热释放率，kJ/s，$Q_H=\frac{\pi}{4}d_s U_s \rho_s c_p (T_s-T_a)$；

T_s——烟气出口温度，K；

T_a——大气温度，K；

ρ_s——烟囱排出口处，T_s 温度下烟气的密度，kg/m^3；

c_p——恒压下烟气的比热容，kJ/(kg·K)，可以计算或查气体平均比热容。

该式适宜于中性条件。若用于计算不稳定条件下的烟气抬升高度时，烟气实际抬升高度应比计算值增加 10%～20%；用于计算稳定条件下的烟气抬升高度时，烟气实际抬升高度应比计算值减小 10%～20%。该式不适宜计算温度较高的热烟气或高于 100 m 的烟囱的抬升高度。

2.卢卡斯公式

$$\Delta H=\frac{94.4Q_H^{\frac{1}{2}}}{\bar{\mu}}$$

该公式适用于强热源的烟气抬升高度的计算，对于中、小型热源算出的结果则偏高。

3.康凯维公式

$$\Delta H=\frac{2.75Q_H^{\frac{1}{2}}}{\bar{\mu}^{0.75}}$$

该公式适用于中等高度烟囱，在中性条件下，按此公式计算的结果与实测的相当一致。该公式要求热释放率不能太大($Q_H<3.35\times10^4$ kJ/s)。

【例 3-4】 某工厂动力锅炉烟囱高 35 m，烟囱出口直径 3 m，烟气初始速度是 10 m/s，烟气温度为 473 K，烟囱出口处周围环境风速为 5 m/s，大气温度为 295 K，试用康凯维公式计算烟气最大抬升高度及有效源高度，烟气密度为 $\rho_s=1.293\times10^3$ kg/m^3，烟气的比热容 $c_p=$ 1.004 J/(g·℃)

解：$Q_H=\frac{\pi}{4}d_sU_s\rho_sc_p(T_s-T_a)$

$=0.785\times3\times10\times1.293\times1.004\times(473-295)=1.63\times10^4(\text{J/s})$

$\Delta H=\frac{2.75Q_H^{\frac{1}{2}}}{\bar{\mu}^{0.75}}=\frac{0.085\times(1.63\times10^4)^{0.5}}{5^{0.75}}\approx104(\text{m})$

有效源高度：$H=h+\Delta H=35+104=139(\text{m})$

4.T.V.A 公式(大烟囱适用)

$$\Delta H=\frac{173F^{\frac{1}{3}}}{\bar{\mu}}\exp(0.64\frac{\Delta\theta}{\Delta z})$$

$$\Delta z=Ax^BF^{\frac{1}{3}}u^{-3}$$

式中，F——浮力通量，m^4/s^2，$F=\frac{gQ_H}{\pi\rho_sc_pT_a}$；

A,B——随温度递减率而变化，经验值可查表 3-5。

表 3-5 随温度递减率变化的 A,B 经验值

稳定度	$\Delta\theta/\Delta z$	A	B	备注
近中性	$-0.17\leqslant\Delta\theta/\Delta z\leqslant0.16$	2.5	0.56	
中等稳定	$0.16<\Delta\theta/\Delta z\leqslant0.76$	3.75	0.49	$x\leqslant2\,800$
很稳定	$0.76<\Delta\theta/\Delta z\leqslant1.87$	13.8	0.26	$x\leqslant2\,800$

【例 3-5】 某电厂烟囱高 100 m，烟囱出口处的烟气温度是 393 K，热释放率 $Q_H=2.33\times10^7$ J/s，烟囱出口处的环境风速是 5 m/s，环境温度是 293 K，在中性层结下实测而得的温度递减率 $\Delta\theta/\Delta z\approx0.5$，最大抬升高度 $\Delta H=\frac{173F^{\frac{1}{3}}}{\bar{\mu}}=\exp(0.64\frac{\Delta\theta}{\Delta z})$，烟气密度 $\rho_s=1.293\times10^3$ kg/m^3，

烟气的比热容 c_p 为 1.004 J/(g·℃)，试求该条件下有效源的高度。

解：已知 $Q_H=2.33\times10^7$ J/s，烟气密度 $\rho_s=1.293\times10^3$ kg/m³，烟气的比热容 $c_p=1.004$ J/(g·℃)，$T_a=293$ K，$T_s=393$ K

则

$$F=\frac{gQ_H}{\pi\rho_s c_p T_a}=\frac{9.81\times2.33\times10^7}{3.14\times1.293\times10^3\times1.004\times293}\approx191.1(\text{m}^4/\text{s}^2)$$

最大抬升高度：

$$\Delta H=\frac{173F^{\frac{1}{3}}}{\bar{\mu}}\exp(0.64\frac{\Delta\theta}{\Delta z})$$

$$=\frac{173\times191.1^{\frac{1}{3}}}{5}\exp(0.64\times0.5)\approx274(\text{m})$$

有效源高度：$H=h+\Delta H=100+274=374(\text{m})$。

5.我国国家标准中规定的计算公式

我国《制定地方大气污染物排放标准的技术方法》(GB/T 3840—1991)规定的烟气抬升高度计算方法如下：

(1)当 $Q_H\geqslant2\ 093.5$ kJ/s，且 $T_s-T_a\geqslant35$ K 时，烟气抬升高度：

$$\Delta H=\frac{n_0Q_H^{n_1}h^{n_2}}{\bar{\mu}}$$

$$Q_H=\frac{353.8Q_v}{T_s}(T_s-T_a)$$

式中，Q_H——烟气热释放率，kJ/s；

T_s——烟气出口温度，K；

T_a——大气温度，K(取当地气象台站近五年定时观测的平均值)；

$\bar{\mu}$——烟囱口高度上的平均风速，m/s；

Q_v——实际状态下烟气排放量，m³/s；

h——烟囱的几何高度；

n_0，n_1，n_2——系数及指数，可查阅表 3-6。

表 3-6 n_0，n_1，n_2 值的确定

Q_H/(kJ/s)	地表状况	n_0	n_1	n_2
$Q_H\geqslant20\ 930$	农村或城市远郊区	1.43	1/3	2/3
	城区及近郊区	1.30	1/3	2/3
$20\ 930>Q_H\geqslant2\ 093.5$	农村或城市远郊区	0.33	3/5	2/5
且$\Delta T\geqslant35$ K	城区及近郊区	0.29	3/5	2/5

(2)当 $Q_H<2\ 093.5$ kJ/s，且 $T_s-T_a<35$ K 时，烟气抬升高度：

$$\Delta H=\frac{2(1.5U_sd_s+0.04Q_H)}{\bar{\mu}}$$

式中，U_s——烟囱排出口的排烟速度，m/s；

d_s——烟囱排出口的内径，m。

【例 3-6】 某电厂烟囱高 100 m,出口内径 5 m,出口烟气流速 12.7 m/s,温度 373 K,流量 250 m^3/s,烟囱出口处的风速 4 m/s,大气温度 293 K,试确定烟气抬升高度及有效源高度。

解:已知 $h=100$ m,$Q_v=250\ m^3/s$,$d_s=5$ m,$u=12.7$ m/s,$T_s=373$ K,$T_a=293$K,$\overline{\mu}=4$ m/s

先计算烟气的热释放率:

$$Q_H=\frac{353.8Q_v}{T_s}(T_s-T_a)=\frac{353.8\times250\times(373-293)}{373}=1.897\times10^4(\text{kJ/s})$$

由表 3-6 查的 n_0,n_1,n_2 的值分别为 0.29,3/5,2/5,于是

$$\Delta H=\frac{n_0Q_H^{n_1}h^{n_2}}{\overline{\mu}}=\frac{0.29\times(1.897\times10^4)^{\frac{3}{5}}\times100^{\frac{2}{5}}}{4}=168.7(\text{m})$$

$$H=h+\Delta H=100+168.7=268.7(\text{m})$$

所以,烟气抬升高度为 168.7 m,有效源高度为 268.7 m。

(三)增加烟气抬升高度的措施

(1)减少烟道及烟囱的热损失;

(2)选择一个适当的出口速度;

(3)附近有几个烟囱时应采用集合烟囱排气。

任务二　烟囱高度的设计及厂址的选择

一、烟囱高度设计

烟囱已经发展成为控制污染、保护环境的设备。烟囱的主要尺寸及工艺参数如烟囱的高度、出口直径、喷出速度的设计应满足减少对地面污染的需要。但烟囱的造价随着高度的增加急剧增大,当超过一定高度以后对地面污染物浓度的降低收效甚微,因此确定烟囱的高度应遵循既满足大气污染扩散稀释的要求,又考虑节省投资的原则。

(一)烟囱高度设计原则

设计烟囱高度时,必须保证地面最大浓度不能超过当地规定的最大允许浓度或大气质量标准:

(1)地面浓度与烟囱高度的平方成反比;

(2)烟囱的造价近似地与烟囱高度的平方成正比。

(二)烟囱高度的设计计算

(1)按最大浓度设计的烟囱高度

保证污染物的地面最大浓度不超过《环境空气质量标准》规定的浓度限制来确定烟囱的高度。假设国家环境空气质量标准中规定的污染物浓度为 c_0,该地区的背景浓度为 c_b,在设计烟囱高度下,排放污染物所产生的地面最大浓度为 $c_{max}\leqslant c_0-c_b$。根据污染物地面浓度的高斯公式,则烟囱的最低高度可由下式求得:

$$h=\sqrt{\frac{2Q}{\pi e\overline{\mu}(c_0-c_b)}\times\frac{\sigma_z}{\sigma_y}}-\Delta H$$

通常设 $\sigma_z/\sigma_y=0.5\sim1$，不随距离而变。

(2)按绝对最大浓度设计的烟囱高度

地面最大浓度高斯模式是在风速不变的情况下导出的。实际上风速是变化的，风速$\overline{\mu}$对地面最大浓度 c_{max} 有双重影响。从 $c_{max}=\frac{2Q}{\pi e\overline{\mu}H^2}\times\frac{\sigma_z}{\sigma_y}$ 可知：$\overline{\mu}$增大时，c_{max}减小。从各种烟云抬升公式看，$\overline{\mu}$增大时，抬升高度ΔH 减小，c_{max}反而增大。这两种相反作用的结果，定会在某一风速下出现地面最大浓度。地面最大浓度极值称为地面绝对最大浓度，以 c_{absm} 表示。出现绝对最大浓度时的风速称为危险风速，以$\overline{\mu}_C$ 表示。一般烟流抬升高度公式可简化为$\Delta H=B/\overline{\mu}$（式中 B 为抬升高度公式中除$\overline{\mu}$以外一切量的计算值）。按保证地面绝对最大浓度不超过《环境空气质量标准》规定的浓度限值 C_0，可得到另一烟囱高度计算式：

$$h=\frac{Q}{2\pi eB(c_0-c_b)}\times\frac{\sigma_z}{\sigma_y}=\left[\frac{Q}{2\pi e\mu(c_0-c_b)}\times\frac{\sigma_z}{\sigma_y}\right]^{\frac{1}{2}}$$

假设国家大气质量标准中规定的污染物浓度为 c_0，该地区的背景浓度为 c_b，在设计烟囱高度下，排放污染物所产生的地面绝对最大浓度为 $c_{absm}\leqslant c_0-c_b$。（$B$ 为抬升公式中除 μ 以外一切量的计算值）。

$$h\geqslant\frac{Q}{2\pi eB(c_0-c_b)}\times\frac{\sigma_z}{\sigma_y}$$

$$h\geqslant\left[\frac{Q}{2\pi e\mu(c_0-c_b)}\times\frac{\sigma_z}{\sigma_y}\right]^{\frac{1}{2}}$$

(3)按一定保证率的计算法

按保证 c_{max}设计的烟囱高度较矮，当风速小于平均风速时，地面浓度即超标。按 c_{absm} 设计的烟囱则较高，不论风速大小，地面浓度皆不会超标，但烟囱造价高。

$$h=\left[\frac{Q}{2\pi e\mu(c_0-c_b)}\times\frac{\sigma_z}{\sigma_y}\right]^{\frac{1}{2}}-\Delta H$$

对上式中的 μ 和稳定度取一定保证率下的值，计算结果即某一保证率的气象条件下的烟囱高度，这种方法可能比前两种方法合理些。

(4)P 值法

P 值法是为防止空气污染，即限制污染物的排放量而提出的一种控制理论。它规定每一个污染源的污染物排放量必须小于允许排放量，否则，这个污染源是不合格的。

①SO_2 排放源适用范围：适用于平原地区的农村或城市的远郊区，以及平原地区城市的烟囱高度大于 40 m 或排放量大于 40 kg/h 的污染源。

$$h=\sqrt{\frac{Q\times10^3}{P}}-\Delta H$$

$$P=P_0P_1P_2P_3P_4$$

$$P_0=15.73\times c_0\overline{\mu}$$

$$\overline{\mu}=\beta\mu_{10}\left(\frac{10}{10+\Delta h}\right)^{0.25}$$

式中，Q——SO_2 允许排放量，kg/h；

P——允许排放指标，g/(h·m^2)，指城区及其他平原城市的远郊区的 P 值；

P_0——平均风速稀释系数，可以根据具体情况进行估算；

P_1——横向稀释系数，城区取 5.5，远郊区或农村取值范围为 5.5～7.5；

P_2——风向方位系数，城区或农村地区可不考虑风向方位的影响，取值 1；

P_3——烟囱密集系数，城市远郊区及农村的取 0.6（城区可按 GB/T 3840—1991 中规定的计算式计算）；

P_4——政治经济系数，一般不大于 1，特殊情况不得大于 1.2，具体取值由当地政府规定；

c_0——GB/3095—2012 中规定的 SO_2 日平均浓度限值，用 P 值计算时，c_0 为 0.15 mg/m^3；

$\bar{\mu}$——烟囱出口处的平均风速，m/s；

β——区域系数，城市远郊区及农村一律取 1.778，城区只有当烟囱几何高度 h 大于 100 m 或烟气热释放率 $Q_H \geqslant 2\ 090$ kJ/s，烟气与环境大气温差 $\Delta T \geqslant 35$ K 时，取 1.778，否则取 1.459；

μ_{10}——当地气象台在距离地面 10 米高度处，定时观察的最近 5 年风速的平均值，m/s；

ΔH——气象台站地面与城市地面（或排放筒所在地面）平均海拔高度的高度差，m。

②其他有害气体排放源适用范围：适用于除 SO_2 以外的有害气体，且排气口离地面大于 15 m 的高架源。

$$h=\sqrt{\frac{Q\times 10^3}{12.8P_2P_3Kc_0\mu_{10}}}-\Delta H$$

式中，c_0——当气体污染物为《大气环境质量标准》中所列入的有毒气体时，c_0 值应取用该污染物任何一次的浓度限值，mg/m^3；

K——区域调节系数，城区 $K=1$，非城区 K 为 1.0～1.5。

③颗粒物排放源适用范围：电站烟囱。

$$h=\sqrt{\frac{Q_0\times 10^3}{P}}-\Delta H$$

式中，Q_0——烟尘允许排放量，kg/h；

P——允许排放指标。

若除尘器入口烟尘量为 Q_i，除尘器满负荷运行时规定的效率是 η，由于发电厂实际排放的烟尘量不应大于容许排放量 Q_0，则有 $Q_i(1-\eta)\leqslant Q_0$。如果把实际排放量 Q 作为容许排放量 Q_0，按要求选取除尘器的效率 η，P 值为 GB/T 3840—1991 中给出的已知量，则按上述模式即可求出有效烟囱高度 H。再计算烟囱抬升高度 ΔH，确定出烟囱的实际高度 h。因此 P 值法是实际工作中比较简便实用的方法。实际上，往往是一个污染源同时排放 SO_2 和颗粒物，或其他有害气体和颗粒物。如果按以上三式计算的烟囱高度不同，则取其中的较大值作为设计烟囱高度。

【例 3-7】 锅炉烟气量 $Q_v=19$ m^3/s，SO_2 排放量 $Q=20$ g/s，烟囱口烟气温度为 $T_s=418$ K，烟囱口内径为 $d_s=1.4$ m，估计烟囱口的空气温度为 $T_a=289$ K，风速为 $\mu=6$ m/s。所在地区的 SO_2 本底浓度为 $c_b=0.04$ mg/m^3，SO_2 的允许浓度 c_0 为 0.06 mg/m^3。按地面最大浓度不超标的要求，计算 D 级大气稳定度条件下（$\sigma_y/\sigma_z=0.5$）所需的烟囱高度。

解：根据中国《制定地方大气污染物排放标准的技术方法》中规定的公式和参数计算。

(1)求烟气的抬升高度

烟气出口流速：

$$U_s=\frac{4Q_v}{\pi d^2}=\frac{4\times 19}{3.14\times 1.4^2}=12.34(\mathrm{m/s})$$

烟气热释放率：

$$Q_H=\frac{353.8Q_v}{T_s}(T_s-T_a)=\frac{353.8\times 19\times(418-289)}{418}=2\ 074.6(\mathrm{kJ/s})$$

则烟气抬升高度：

$$\Delta H=\frac{2(1.5U_s d_s+0.04Q_H)}{\bar{\mu}}=\frac{2(1.5\times 12.34\times 1.4+0.04\times 2\ 074.6)}{6}=15.24(\mathrm{m})$$

(2)计算烟囱高度

$$h=\left[\frac{Q}{2\pi e\mu(c_0-c_b)}\times\frac{\sigma_z}{\sigma_y}\right]^{\frac{1}{2}}-\Delta H=\sqrt{\frac{2\times 20\times 10^3}{3.14\times e\times 6\times(0.06-0.04)}}-15.24=124.3(\mathrm{m})$$

(三)烟囱设计应注意的事项

1.增加烟气抬升高度的措施

决定烟气抬升的主要因素有烟气本身的热力性质、动力性质、气象条件和近地层下垫面等。

(1)影响烟气抬升高度的第一因素是烟气所具有的初始动量和浮力。初始动量的大小取决于烟气出口速度(U_s)和烟囱口的内径(d_s)；浮力大小决定于烟气和周围空气的密度差和温度。若烟气与空气因组分不同而产生的密度差异很小时，烟气抬升的浮力大小就主要取决于烟气温度(T_s)与空气温度(T_a)之差。当风速为 5 m/s，烟气温度在 100～200 ℃时，T_s 与 T_a 每相差 1 K，抬升高度约增加 1.5 m。因此，提高排气温度有利于烟气抬升，但特意为烟气加热会增加运行费用。所以最好的做法是减少烟道及烟囱的热损失。

(2)烟气与周围空气的混合速率是影响烟气抬升的第二因素。决定混合速率的主要因素是平均风速和湍流强度：平均风速越大，湍流越强，烟气与周围空气混合越快，烟气的初始动量和热量散失得就越快，其烟气的抬升高度就越低。增加烟气的出口速度对动力抬升有利，但也加快烟气与空气的混合。因此，应选择一个适当的出口速度。

(3)增加排气量对动量抬升和浮力抬升均有好处。因此，在附近有几个烟囱时采用集合烟囱排气。

2.在进行烟囱高度设计时应注意的问题

(1)对于设计的高烟囱(大于 200 m)，若所在地区上部逆温出现频率较高，则应该由上部逆温的扩散模式校核地面污染物浓度。实际观察表明，当混合层厚度在 760～1 065 m，有上部逆温存在时，所造成的地面最大污染物浓度可能达到锥形扩散的 3 倍，最大浓度可持续 2～4 h。在这种情况下，用增加烟囱高度来减少地面污染物浓度的方法是不经济的。

对于设计中小型烟囱，当辐射逆温很强时，则应按漫烟型扩散模式校核地面污染物浓度。

(2)烟流抬升公式的选择也是烟囱设计的重要一环。应选择抬升公式适用条件和设计条件相近的公式。最好采用国标 GB/T 3840—1991 推荐的公式。

(3)气象参数的取值方法有两种。一种是取多年的平均值；另一种是取保证频率值。例如，若已知烟囱高度处的风速大于 3 m/s 的频率为 80%，取$\overline{\mu}=3$ m/s 可以保证在 80%情况下污染物浓度不超过标准。而平均地面最大浓度可能比标准更低，σ_y/σ_z 在 0.5～1.0 变化。

(4)烟囱高度不得低于周围建筑物的 2 倍。这样可以避免烟流受建筑物背风面涡流区的影响。对于排放生产性粉尘的烟囱，其高度自地面算起不得小于 15 m，排气口高度应比生产主厂房最高点高出 3 m 以上，烟囱出口流速 U_s 应满足 $U_s>1.5$ m/s，以避免烟囱本身引起的烟流下洗现象(图 3-17)。为了获得较高的抬升高度，U_s 值应为 20～30 m/s。烟气温度不宜过低。例如，排烟温度在 100～200 ℃，$\overline{\mu}=5$ m/s 时，排烟温度每升高 1 ℃，抬升高度增高 1.5 m 左右。

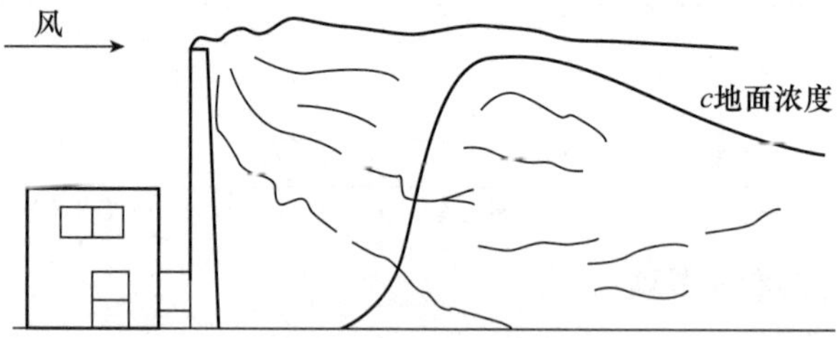

图 3-17　烟流下洗现象

二、厂址的选择

厂址选择是一个复杂的综合性课题，它涉及政治、经济、技术等多方面的问题。每一个拟建厂都应对环境质量可能产生的影响事先做出预评价，其中包括空气污染的预评价。

在不同地区，由于风向、风速、温度层结及地形等多种因素的影响，大气对污染物的稀释作用相差很大。在同一地区，工厂的位置与周围居民区、农作物区的布局不同时，空气污染造成的危害可能相差很大。

由此可见，厂址的选择十分重要。

(一)厂址选择中对背景浓度的考虑

进行厂址选择的第一步是对当地背景浓度进行调查。背景浓度又称本底浓度，是该地区已有的污染物浓度水平。在背景浓度已超过《环境空气质量标准》规定浓度限值的地区，就不宜再建新厂。有时背景浓度虽然没有超过《环境空气质量标准》，但加上拟建厂可造成的污染物后，若浓度超过大气环境质量标准，短时间内又无法克服的，也不宜建厂。

除此之外，在进行厂址的选择时，还要考虑长期平均浓度的分布。

(二)厂址选择中对气象条件的考虑

进行厂址选择的第二步就是要调查当地的气象条件和地形条件。若在拟建厂附近没有气象台站，收集不到有关资料，就必须进行现场观测。

从防止大气污染的角度考虑，理想的建厂位置应选在大气扩散稀释能力强、排放的污染物被输送到城市或居民区可能性最小的地方。

1.对风向和风速的考虑

在确定工厂和居住区的相对位置时，既要考虑风向，又要考虑风速。定义一个污染系数如下：

污染系数=风向频率/平均风速

某一风向的污染系数小，表示从该方向吹来的风造成的污染也小。因此，选择厂址的一般原则是选择在污染系数最小的方位。

2.对温度层结的考虑

离地面几百米以内的大气温度层结对污染物的扩散有很大的影响，选择厂址时必须搜集当地有关温度层结的资料，以考虑近地层逆温和上部逆温的影响。上部存在逆温时，对低污染源影响较小，而对高污染源影响较大。因此，上部逆温对于中小型工厂低矮污染源烟气的扩散影响不大；对于强而高的污染源，希望用增加烟囱高度来减少地面污染物浓度的方法往往收效甚微。

(三)厂址选择中对地形的考虑

地形对大气污染的影响十分复杂，应进行专门的气象观测或进行风洞模拟实验，以便对当地的扩散条件做出较准确的评价，确定必要的对策。一般从下面几种情况来考虑。

(1)山谷较深，不利于扩散稀释。若烟囱有效高度又不能超过经常出现静风及小风的高度，不宜建厂。

(2)当排烟高度不可能超过下坡风厚度及背风坡湍流区高度时，不宜建厂。

(3)四周山坡上有居民及农田，排烟有效高度又不能超过其高度时，不宜建厂。

(4)在海陆风较稳定的大型水域或与山地交界的地区，不宜建厂。

总之，厂址的选择是一个综合性很强的课题，对多种因素必须全面考虑，权衡利弊，才能做到合理建厂。

练习题

一、填空题

1.气象上把水平方向的空气运动称为风，风是有__________和__________的，__________是指风的来向，__________是指单位时间内空气在水平方向移动的距离。

2.大气湍流是指大气不规则的运动，分为__________和__________。

3.烟囱的有效高度，又称为__________，等于烟囱的__________与__________之和。

4.污染系数等于__________与__________之比。

5.根据地表 10 m 高处的平均风速、太阳辐射强度和运量等常规气象资料，将大气稳定度分为__________、__________、__________、__________、__________、__________六个级别。

二、简答题

1.简述烟气抬升及原因。

2.简述影响烟气抬升的因素。

3.什么是山谷风？

4.简述风对大气污染的影响。

5.简述湍流对大气污染物的扩散作用。

6.如何判断大气稳定度？

7.从环境保护角度出发，如何选择厂址？

项目四 颗粒污染物控制技术

项目内容及要求：

近年来，虽然我国大气污染防治工作取得了很大的成效，但由于各种原因，大气污染物排放总量居高不下，我国大气环境面临的形势仍然非常严峻。燃煤一直是我国主要能源，我国主要大气污染物是细微粒和SO_2，这严重影响并损害人体健康，因此，当前我国需要严控大气颗粒物的排放。

大气颗粒物控制技术是开展大气污染控制工作的核心内容之一，所涉及的工作任务直接体现于大气污染控制业务的环保企业、行业的重要岗位和业务部门。通过实施该项目，使学习者对于大气污染控制技术中常见的除尘等有全面理解与把握。

知识目标：

1.掌握重力沉降室的沉降机理及结构；

2.熟悉旋风除尘器的除尘机理及选择设计；

3.掌握布袋除尘器的除尘机理；

4.掌握静电除尘器的工作原理和主要结构；

5.掌握湿式除尘器的除尘机理；

6.熟悉文丘里除尘器的除尘过程和主要装置。

能力目标：

1.会重力沉降室的尺寸设计；

2.会旋风除尘器的设计选型；

3.能进行旋风除尘器的日常维护工作；

4.会根据粉尘特性选购布袋；

5.会根据粉尘特性选择和设计静电除尘器；

6.会运行和维护各类型湿式除尘器。

任务一 机械式除尘器的选择与设计

一、重力沉降室

(一)重力沉降室的结构

重力沉降室是利用重力沉降作用使粉尘从气流中分离的装置，含尘气流进入沉降室后，引起流动截面积扩大，流速迅速下降，气流为层流，尘粒在重力作用下缓慢向灰斗沉降。

重力沉降室基本结构如图 4-1 所示，图中 L、H、W 分别为沉降室的长、高、宽。当含尘气流进入后，由于流通面积扩大，流速下降，尘粒借本身重力作用以沉降速度 u_s 向底部缓慢沉降，同时以气流在沉降室内的水平速度 u 继续向前运动。如果气流通过沉降室的时间大于或等于尘粒从顶部沉降到底部所需的时间，即 $L/u \geqslant H/u_s$，则具有沉降速度为 u_s 的尘粒能够全部沉降。

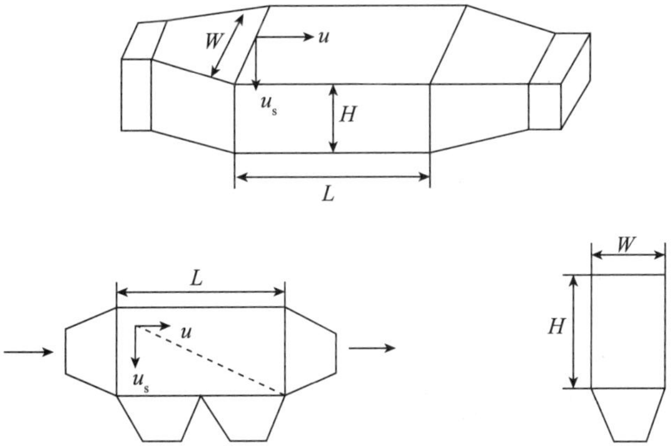

图 4-1 重力沉降室的基本结构

重力除尘一般是让气流慢慢地通过结构简单而体积较大的除尘室，这样可为颗粒提供落入底部灰斗的机会。颗粒需要降落的距离可通过在除尘室中放置一些水平隔板而缩短。

重力沉降室可放置导流板，以改变气流的方向，产生惯性作用，也可利用鱼鳞板、百叶窗以产生惯性作用。有单层沉降室，有多层沉降式(平行的放置一些隔板)。在折流板式沉降室中(垂直的折流板安装在沉降室的顶部)，惯性作用力会增强颗粒的重力作用，当气流绕过折流板底部的时候，由于气流路径上这段弯曲部分的惯性作用，颗粒被分离下来。

重力沉降室一般能捕集 40～50 μm 及以上的尘粒，而不宜捕集 20 μm 以下的尘粒。它的除尘效率低，一般仅为 40%～70%，且设备庞大。但阻力损失小，Δp = 50～150 Pa，且结构简单，投资少，使用方便，维护管理容易，适用于颗粒粗、净化密度大、磨损强的粉尘，一般作为多级净化系统的预处理。

(二)重力沉降室的设计计算

1.重力沉降室的设计要求

(1)保证粉尘能沉降,沉降室的长度足够长;

(2)气流在沉降室的停留时间要大于尘粒沉降所需的时间;

(3)计算出能100%沉降的最小粒径。

2.重力沉降室的设计步骤

首先根据粉尘的密度和该沉降室应能捕集的最小尘粒的粒径计算出沉降速度 u_s,再选取室内气流速度 u。和沉降高度 H(或宽度 B),最后确定沉降室的长度 L 和宽度 B(或高度 H)。

3.重力沉降室尺寸设计

(1) 沉降室长度

假定沉降室气流分布均匀(即每个颗粒以自己的沉降末端速度沉降,互不影响),并处于层流状态。沉降室的长、宽、高分别为 L、W、H,进入沉降室的尘粒一方面以气流速度 u 向前运动,另一方面以沉降速度 u_s 下降。则尘粒从沉降室顶部降落到底部所需时间 t_s 为:

$$t_s=\frac{H}{u_s}$$

尘粒的沉降速度可用下式求得:

$$u_s=\frac{d_p^2 g(\rho_p-\rho_g)}{18\mu}$$

式中,d_p——尘粒的直径,m;

ρ_p——尘粒的密度,kg/m^3;

ρ_g——气体的密度,kg/m^3;

μ——气体的黏度,Pa·s;

g——重力加速度,9.18 m/s^2。

气流在沉降室内的停留时间 t 为:

$$t=\frac{L}{u}$$

要使沉降速度为 u_s 的尘粒在沉降室内全部去除,即尘粒不被气流带走,则气流在沉降室内的停留时间 t 应大于或等于尘粒从顶部沉降到灰斗的时间,即:

$$\frac{L}{u}\geqslant\frac{H}{u_s}$$

则沉降式的长度为:

$$L\geqslant\frac{Hu}{u_s}$$

(2)沉降室宽度

沉降室的宽度 W 与处理气量有关,若处理气量为 Q(m^3/s),则:

$$W=\frac{Q}{uH}$$

(3)有效分离直径

沉降室能100%捕集的最小粒径 $d_{\min}$ 按下式计算：

$$d_{\min}=\sqrt{\frac{18\mu Hu}{\rho_{p}gL}}=\left(\frac{18\mu Q}{g\rho_{p}LW}\right)^{\frac{1}{2}}$$

上式是在理想状况下得到的，实际中常出现反混现象，工程上常用36代替式中的18，这样理论和实践更接近。室内的气流速度 u 应根据尘粒的密度和粒径确定，一般取0.2～2 m/s。

(4)除尘效率

对于一定结构的沉降室，理论上尘粒的沉降速度 $u_{s}\geqslant\frac{Hu}{L}$ 时，均能沉降下来，即除尘效率100%；当沉降速度 $u_{s}<\frac{Hu}{L}$ 时，对各种尘粒的分级除尘效率 η 为：

$$\eta=\frac{u_{s}L}{uH}$$

为使沉降室捕集直径更小的粒子，降低沉降室的高度是一种方法。此外，在总高度不变的情况下，在沉降室内增设几块水平隔板，形成多层沉降室，此时沉降室的分级效率为：

$$\eta=\frac{u_{s}L(n+1)}{uH}$$

式中，n——水平隔板层数。

考虑到多层沉降室清灰的困难，实际上一般限制隔板层数 n 在3以下。

4.设计沉降室时应注意的问题

(1)沉降室内的气流速度一般取0.2～2 m/s，应尽可能选低一些，以保持接近层流状态；

(2)沉降室的高度 H 应根据实际情况确定，H 应尽量小一些，因为 H 越大，所需要的沉降时间就越长，势必加长沉降室的长度；

(3)为保证沉降室内横截面上气流分布均匀，一般将进气管设计成渐宽管型，若场地受限，可装设导流板、扩散板等气流分布装置；

(4)用于净化高温烟气时，由于热压作用，排气口以下空间的气流有可能减弱，从而降低除尘效率，应将沉降室的进出口位置设计得低一些。

(三)除尘器的性能

作为除尘系统中的主要组成部分，除尘器的性能直接影响整个系统的运行效果。表示除尘器性能的主要指标有含尘气体的处理量、除尘效率、阻力、设备投资及运行费用、占地面积及设备可靠性和使用寿命等。其中，前两项属于技术指标，后四项属于经济指标。设计或选用除尘器时，要综合这些指标。

1.含尘气体的处理量

含尘气体的处理量为处理含尘气体能力大小的指标。一般用通过除尘器的气体体积流量 Q 表示，单位为 m^{3}/s 或 m^{3}/h，通常为给定量。

2.除尘效率

除尘器的除尘效率包括总除尘效率、分级除尘效率、通过率等。

(1)总除尘效率 η

设除尘器进口处的气体流量为 Q_i(m^3/s),粉尘流量为 M_i(g/s),气体含尘浓度为 c_i(g/m^3),相应出口处的参数分别为 Q_o、M_o、c_o,除尘器中捕集的粉尘流量为 M_c(g/s)。对粉尘流量有 $M_i=M_o+M_c$,$M=cQ$。则同一时间内除尘器捕集的粉尘质量与进入的粉尘质量之比的质量分数即总除尘效率 η:

$$\eta=\frac{M_c}{M_i}\times 100\%=\left(1-\frac{M_o}{M_i}\right)\times 100\%=\left(1-\frac{c_oQ_o}{c_iQ_i}\right)\times 100\%$$

若除尘器完全密闭,稳态等温操作,则进出除尘器的气体量不变,上式可变为:

$$\eta=\left(1-\frac{c_o}{c_i}\right)\times 100\%$$

通常测定除尘器进、出口的参数来计算总除尘效率。当除尘器漏气量大于进口量 20% 时,应将测定的实际值换算成标准状态时的参数(0 ℃,1.013×10^5 Pa),按上式计算。

(2)分级除尘效率 η_d

总除尘效率是除尘器在一定运行工况下对某种特性粉尘的总捕集效果。但是,对粒径分布不同的粉尘和同一特性粉尘中不同粒径的粒子,除尘器具有不同的除尘效率。为了正确评价除尘器对不同粒径粉尘的捕集效果,采用分级除尘效率的概念。

分级除尘效率是指除尘器对某一粒径 d_p 或某一粒径范围 Δd_p 的粉尘的捕集效果。假设进入除尘器的粉尘总量 M_i 中,粒径 d_p 或某一粒径范围 Δd_p 的粉尘 M_{id} 的频率分布为 $\omega_{id}=\Delta M_{id}/M_i$;在被捕集的粉尘总量 M_c 中,粒径 d_p 或某一粒径范围 Δd_p 的粉尘 ΔM_{cd} 的频率分布 $\omega_{cd}=\Delta M_{cd}/M_c$,则除尘器对粒径 d_p 或某一粒径范围 Δd_p 的粉尘的分级效率 η_d 为:

$$\eta_d=\frac{\Delta M_{cd}}{\Delta M_{id}}\times 100\%=\frac{M_c\omega_{cd}}{M_i\omega_{id}}\times 100\%=\eta\frac{\omega_{cd}}{\omega_{id}}\times 100\%$$

根据测定的除尘器的总效率,分析出的除尘器入口和捕集的粉尘粒径频率分布 ω_{id} 和 ω_{cd},即可按上式计算出分级效率。粉尘的分级效率可用除尘器入口及捕集的粉尘的频度分布 f_{id}、f_{cd} 表示,即:

$$\eta_d=\eta\frac{f_{cd}}{f_{id}}\times 100\%$$

而总除尘效率从整个粒径范围的分级效率求和得到:

$$\eta=\sum\eta_d\omega_{id}$$

分级效率 η_d 与粒径 d_p 的关系,一般以指数函数形式表示:

$$\eta_d=1-e^{-\alpha d_p^m}$$

式中,α 和 m 为由实验确定的系数。分级效率 η_d 随 α 和 m 值的增大而提高,α 值越大,粉尘逃逸量越小;而 m 值越大,表明 d_p 对 η_d 的影响越大。m 值一般在 0.33~1.20。

(3)透过率 P

一些除尘器的除尘效率非常高,可达 99% 以上,总效率的变化难以判断除尘效果及排放对环境效应的影响,这时用从除尘器中逃逸的粉尘质量与进入的粉尘质量之比即透过率 P 来表示:

$$P=\frac{M_o}{M_i}\times 100\%=1-\eta$$

如两台除尘器的除尘效率分别为 99.9%和 99.0%，则前者 $P=0.1\%$，后者 $P=1.0\%$，后者的透过率为前者的 10 倍。

(4)除尘器串联运行的除尘总效率

设 $\eta_1,\eta_2,\cdots,\eta_n$ 分别为第 $1,2,\cdots,n$ 级除尘器的除尘效率，则 n 级除尘器串联后的总除尘效率为：

$$\eta=1-(1-\eta_1)(1-\eta_2)\cdots(1-\eta_n)$$

3.阻力

气体流经除尘器的压力损失称为除尘器阻力，该指标是代表装置消耗能量大小的一项重要技术经济指标。通风机所耗功率与除尘器的阻力成正比，阻力越大，通风机能耗越高。除尘器阻力为除尘器进、出口断面上气流平均全压之差 Δp(Pa)，一般表示为：

$$\Delta p=\zeta\frac{\rho w_0^2}{2}$$

式中，ζ——阻力系数；

ρ——气体密度，kg/m^3；

w_0——除尘器进口气体平均流速，m/s；

除尘器的阻力主要与除尘器的结构类型、流体性质和流体速度等因素有关。

二、旋风除尘器

旋风除尘器是利用旋转气流产生的离心力使尘粒从气流中分离的。旋风除尘器的结构简单，运行方便，效率适中(80%～90%)，阻力约 1 000 Pa，适用于净化密度较大、粒度较粗(>10 μm)的非纤维性粉尘，对同样流量的气流而言，旋风分离器比重力沉降室小得多，但动力消耗多，旋风除尘器应用十分广泛。

(一)旋风除尘器结构及除尘过程

旋风除尘器一般由筒体和锥体、进气管和排气管及密封灰斗组成。含尘气流由进口沿切线方向进入除尘器后，沿器壁由上而下做旋转运动，这股旋转向下的气流称为外旋流，外旋流到达锥体底部转而沿轴心向上旋转，最后经排出管排出。这股向上旋转的气流称为内旋流。外旋流和内旋流的旋转方向相同，含尘气流做旋转运动时，尘粒在惯性离心力推动下移向外壁，到达外壁的尘粒在气流和重力共同作用下沿壁面落入灰斗。气流从除尘器顶部向下高速旋转时，顶部压力下降，一部分气流会带着细尘粒沿外壁面旋转向上，到达顶部后，再沿排出管旋转向下，从排出管排出。这股旋转向上的气流称为上旋流。

即从宏观上看，旋风除尘器的气流运动可归结为三个运动：外旋流、内旋流、上旋流。旋风分离器内气流运动是很复杂的，除切向和轴向运动外，还有径向运动。在这里，上旋流不利于除尘。

旋风除尘器的种类繁多，结构各异，下面简单介绍一些基本类型。旋风除尘器按含尘气流的导入方式分为切向式、蜗壳式和轴流式三种(图 4-2)。切向式入口管外壁与筒体相切，阻力为 1 000 Pa 左右。蜗壳式则是入口管内壁与筒体相切，入口气流距筒体外壁更近，有利于提高除尘效率，并使进口处阻力减小，但除尘器体积有所增大。轴流式入口装有导流叶片使气流旋转，与前两者相比，在相同压力损失下，能处理约 3 倍的气体量，适用于多管旋风除尘器或处理大气量的场合。

旋风除尘器按气流通过的方式，可分为回流式、平流式、直流式三种。回流式是广泛使用的旋风除尘器。平流式中的排气管竖直方向上开有一狭缝，气流切向进入筒体，绕排气管旋转一周后由狭缝排出除尘器。直流式中用一稳流芯棒代替平流式中的排气管，气流从上端进入，由下端排出，其内部流场无逆向内旋流，减少了尘粒的返混或再次飞扬。后两种除尘器阻力小，但效率低。

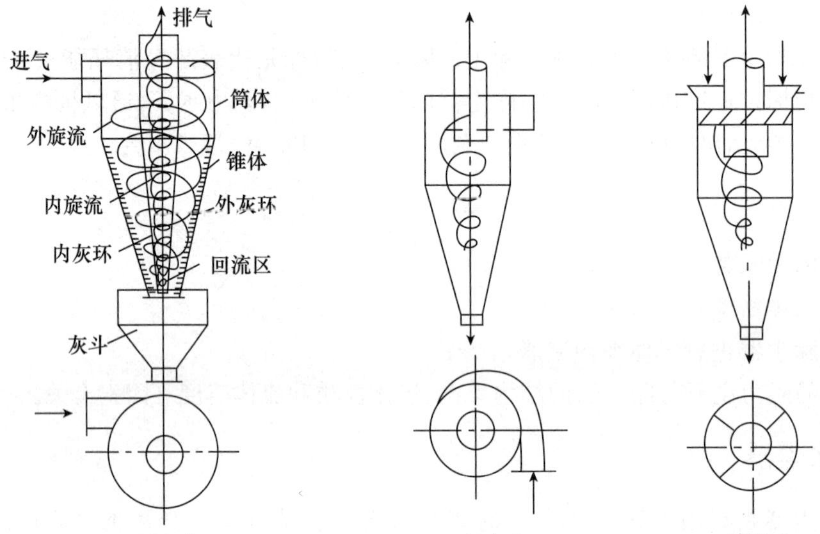

a.切向式　　b.蜗壳式　　c.轴流式

图 4-2　旋风除尘器按含尘气流的导入方式分

为了避免聚积在筒体顶部的细小粉尘被吸入内旋流，可在除尘器筒体上开设旁路分离室（图 4-3a），使在顶盖形成的上灰环从螺旋形旁室引至锥体部分，从而提高了分离效率。旋风除尘器的长锥体由于旋转半径逐渐减小，有利于粉尘分离，但底部的尘粒也易被上升的内旋流吸引携带。采用锥体倒置，锥体下部设置一圆锥形反射屏，以防止下灰环形成和灰粒飞扬（图 4-3b）。大部分外旋流在反射屏上部转为内旋流，少量下旋气体和分离下来的粉尘落入灰斗，气体从屏中心孔排出。

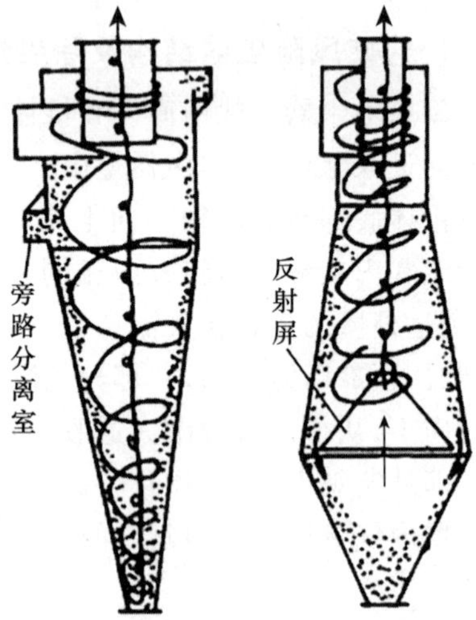

a.旁路分离室　　b.反射屏

图 4-3　旋风除尘器旁路分离室与反射屏

多个旋风除尘器可以组合起来使用。串联组合的目的是提高除尘效率，并联组合使用可增大气体的处理量。除了单体并联使用以外，还可将许多小型旋风除尘器（称为旋风子，筒体直径为 100～250 mm）组合在一个壳体内并联使用，称多管除尘器。旋风子气流进口均为轴流式。多管除尘器的特点为布置紧凑，效率高，处理气体量更大。还可采用旋风水膜除尘器提高除尘效率。即用麻石或瓷砖构筑筒体，从上部喷水，使壁面上形成一层水膜,以黏附离心分离的灰粒并流入灰斗。此除尘器效率高、阻力小,但耗水量大、污水难处理,易形成二次污染。各种除尘器均可布置为立式、卧式和倾斜式等多种形式。

(二)影响旋风除尘器效率的因素

旋风除尘器的阻力与其结构、气体温度和流速等因素有关,可通过公式计算出。其中,阻力系数一般由实验测定,也可进行估算,其值可查阅有关资料。国产主要系列型号旋风除尘器的阻力为 500～1 400 Pa。

(1)入口气流速度。入口气速增加,切向速度也相应增加,分割粒径减小,除尘效率提高。但流速过高使得筒体内的气流运动过强,会把有些已分离下来的粉尘重新卷吸带走,除尘效率反而下降,同时除尘器的阻力会急剧上升。

粒径为 d_{pc} 的粒子群的分级除尘效率为 50%,d_{pc} 称为分割粒径。

$$d_{pc}=\sqrt{\frac{18\mu v_{rc}r_c}{(\rho_p-\rho)v_{\theta c}^2}}$$

分割粒径 d_{pc} 表示旋风除尘器达到一定效率时能分离的最小粒径。显然,减小 d_{pc} 可以提高除尘效率。由上式可见,切向速度 $v_{\theta c}$ 越高,粒子密度 ρ_p 越大,内旋流半径 r_c 越小,则分割粒径 d_{pc} 越小。

(2)含尘气流性质。粉尘粒径与密度增大,除尘效率明显提高。气体温度升高,气体黏度将增大,除尘效率降低。

(3)除尘器的比例尺寸。减小筒体和排气管直径,前者使尘粒受到的离心力增大,后者使内旋流半径减小,均能提高除尘效率。锥体长度适当增加,对提高效率有利,但是筒体高度的变化对效率影响不明显。

(4)灰斗的气密性。除尘器内旋转气流形成的涡流场使静压由筒体壁向中心逐渐下降,即使除尘器在正压下工作,锥体底部也会处于负压状态。当除尘器下部气密性差而有空气渗入,将把灰斗内的粉尘再次扬起带走,除尘效率显著下降。

(三)旋风除尘器的选型

1.选型原则

(1)旋风除尘器净化气体量应与实际需要处理的含尘气体量一致。选择旋风除尘器直径时应尽量小些,如果要求通过的风量较大,可采用几个小直径的旋风除尘器并联为宜。

(2)旋风除尘器入口风速要保持 18～23 m/s,过低时除尘效率下降;过高时阻力损失及耗电量均增加,且除尘效率提高不明显。

(3)所选择的旋风除尘器的阻力损失小,动力消耗少,且结构简单、维护简便。

(4)旋风除尘器能捕集到的最小粉尘粒子应稍小于被处理气体中的粉尘粒度。

(5)含尘气体温度很高时,旋风除尘器应设有保温设施,以避免水分在其内凝结而影响除尘效果。

(6)旋风除尘器的密封要好,确保不漏风。

(7)气体中含有易燃易爆粉尘时,旋风除尘器应设有防爆装置。

2.选型步骤

旋风除尘器的结构类型很多,在选用除尘器时,常根据工艺提供或收集到的设计资料来确定其型号和规格。在实际工作中采用经验法来选择除尘器的型号和规格，其基本步骤如下：

(1)根据气体的含尘浓度、粉尘性质、分离要求、允许阻力损失、除尘效率等因素，合理选择旋风除尘器的型号、规格。从各类除尘器的结构特性来看，粗短型的旋风除尘器，一般应用于阻力小、处理风量大、净化要求低的场所；细长型的旋风除尘器，适用于净化要求高的场合。

(2)根据除尘器使用时的允许压降确定入口气速 u_1，如果制造厂已提供各种操作温度下入口气速与压降的关系，则根据工艺条件允许的压降就可选定气速；若没有气速与压降的关系，则根据允许的压降计算入口气速，如下式：

$$u_1 = \frac{2\Delta p}{\rho\zeta}$$

式中：u_1——入口气速，m/s；

Δp——旋风除尘器允许的压力降，Pa；

ρ——气体的密度，kg/m^3；

ζ——旋风除尘器的阻力系数，通过查阅工具书得到。

若没有提供允许的压力损失数据，一般取入口气速为 12～25m/s。

(3)确定旋风除尘器的进口截面积 A、入口宽度 b 和高度 h，根据处理气量，由下式决定进口截面积 A：

$$A = bh = \frac{Q}{u_1}$$

式中：Q——旋风除尘器的处理气量，m^3/s。

(4)确定各部分的几何尺寸。由进口截面积 A、入口宽度 b 和高度 h 定出各部分的几何尺寸。几种常用旋风除尘器的标准尺寸比例见表 4-1，其他各种旋风除尘器的标准尺寸比例查阅有关除尘设备手册。

设计者可按要求选择其他的结构，但应遵循以下原则：

①为防止粒子短路漏到出口管，$h \leqslant s$，其中 s 为排气管插入深度；

②为避免过高的压力损失，$b \leqslant (D-d_e)/2$；

③为保持涡流的终端在椎体内部，$(H+L) \geqslant 3D$；

④为利于粉尘滑动，锥角$=7° \sim 8°$；

⑤为获得最大的除尘效率，$d_e/D=0.4 \sim 0.5$，$(H+L)/d_e=8 \sim 10$，$s/d_e \approx 1$。

表 4-1　几种常用旋风除尘器的标准尺寸比例

参数	尺寸名称			
	XLP/A	XLP/B	XLT/A	XLT
入口宽度，b	$(A/3)^{1/2}$	$(A/2)^{1/2}$	$(A/2.5)^{1/2}$	$(A/1.75)^{1/2}$
入口高度，h	$(3A)^{1/2}$	$(2A)^{1/2}$	$(2.5A)^{1/2}$	$(1.75A)^{1/2}$
筒体直径，D	上 $3.85b$	$3.33b$	$3.85b$	$4.9b$
	下 $0.7D$	—	—	—
排出管直径，d_e	$0.6D$	$0.6D$	$0.6D$	$0.6D$
筒体长度，L	上 $1.35D$	$1.7D$	$2.26D$	$1.6D$
	下 $1.0D$	—	—	—

续表 4-1

参数		尺寸名称			
		XLP/A	XLP/B	XLT/A	XLT
椎体长度，H		上 0.50D	2.3D	2.0D	1.3D
		下 1.0D	—	—	—
排尘口直径，d_1		0.296D	0.43D	0.3D	0.145D
压力损失	12 m/s[a]	700(600)[b]	500(420)	860(770)	440(490)
	15 m/s	1 100(940)	890(700)[c]	1 350(1 210)	670(770)
	18 m/s	1 400(1 260)	1 450(1 150)[d]	1 950(1 150)	990(1 110)

注：[a]进口风速。

[b]"()"内的数值为出口无蜗壳式的压力损失。

[c]进口风速为 16 m/s 时的压力损失。

[d]进口风速为 20 m/s 时的压力损失。

【例 4-1】 某燃煤锅炉烟气排放量 $Q=5\ 000\ m^3/h$，烟气密度 $\rho=1.2\ kg/m^3$，允许压力损失为 900 Pa。若选用 XLP/B 型旋风除尘器，试求其主要尺寸。

解：由式

$$v_1=\sqrt{\frac{2\Delta P}{\zeta\rho}}$$

根据表，阻力系数 $\zeta=5.8$

旋风除尘器入口气速：

$$u_1=\sqrt{\frac{2\times 900}{5.8\times 1.2\times 10^{-3}}}=16.1(m/s)$$

各部分尺寸如下：

$$A=\frac{Q}{3\ 600u_1}=\frac{5\ 000}{3\ 600\times 16.1}=0.086\ 3(m^2)$$

$$h=\sqrt{2A}=\sqrt{2\times 0.086\ 3}=0.42(m)$$

$$b=\sqrt{A/2}=\sqrt{0.086\ 3/2}=0.208(m)$$

$$D=3.33b=3.33\times 0.208=0.624(m)=624(mm)$$

参考 XLP/B 系列，取 $D=700$ mm，则：

$$d_e=0.6D=0.6\times 700=420(mm)$$

$$L=1.7D=1.7\times 700=1\ 190(mm)$$

$$H=2.3D=2.3\times 700=1\ 610(mm)$$

$$d_1=0.43D=0.43\times 700=301(mm)$$

(四)旋风除尘器的维护和保养

1.旋风除尘器的正确操作

(1)启动前的准备工作

检查各连接部位是否连接牢固。

检查除尘器与烟道，除尘器与灰斗，灰斗与排灰装置、输灰装置等结合部的气密性，消除漏灰、漏气现象。

关小挡板阀，启动通风机，无异常现象后逐渐开大挡板阀，以便除尘器通过规定数量的含尘气体。

(2)运行时的技术要求

注意易磨损部位如外筒内壁的变化。

含尘气体温度变化或湿度降低时注意粉尘的附着、堵塞和腐蚀现象。

注意压差变化和排出烟色状况。磨损和腐蚀会使除尘器穿孔和导致粉尘排放，于是除尘效率下降、排气烟色恶化、压差发生变化。

注意除尘器各部位的气密性，检查旋风筒气体流量和集尘浓度的变化。

(3)作业后的技术工作

为防止粉尘的附着和腐蚀，除尘作业结束后让除尘器继续运行一段时间，直到除尘器内完全被清洁空气置换后方可停止除尘器运行。

消除内筒、外筒和叶片上附着的粉尘，清除灰斗内的粉尘。

必要时修补磨损和腐蚀引起的穿孔。

检查各部位的气密性，必要时更换密封元件。

按照使用说明书的规定对风机例行保养。

2.旋风除尘器的维护

旋风式除尘器运行时应稳定运行参数、防止漏风、预防关键部位磨损、避免粉尘堵塞和积灰，否则将严重影响除尘效果。

(1)稳定运行参数

旋风除尘器运行参数主要包括入口气流速度、处理气体的温度和含尘气体的入口质量浓度等。

①入口气流速度。对于尺寸一定的旋风除尘器，入口气流速度增大不仅能提高处理气量，还可有效地提高分离效率，但压降也随之增大。当入口气流速度提高到某一数值后，分离效率可能随之下降，磨损加剧，除尘器使用寿命缩短，因此入口气流速度应控制在 18～23 m/s。

②处理气体的温度。气体温度升高，其黏度变大，使粉尘粒子受到的向心力加大，于是分离效率会下降。所以高温条件下运行的除尘器应有较大的入口气流速度和较小的截面流速。

③含尘气体的入口质量浓度。浓度高时大颗粒粉尘对小颗粒粉尘有明显的携带作用，表现为分离效率提高。

(2)防止漏风

旋风除尘器一旦漏风将严重影响除尘效果。据估算，除尘器下锥体或卸灰阀处漏风 1%时，除尘效率将下降 5%；漏风 5%时，除尘效率将下降 30%。旋风除尘器漏风有三种部位：进出口连接法兰处、除尘器本体和卸灰装置。引起漏风的原因如下：

连接法兰处的漏风主要是螺栓没有拧紧、垫片厚薄不均匀、法兰面不平整等引起的。

除尘器本体漏风的主要原因是磨损，特别是下锥体。据使用经验，当气体含尘质量浓度超过 10 g/m^3 时，在不到 100 d 时间里可以磨坏 3 mm 的钢板。

卸灰装置漏风的主要原因是机械自动式(如重锤式)卸灰阀密封性差。

(3)预防关键部位磨损

影响关键部位磨损的因素有负荷、气流速度、粉尘颗粒,磨损的部位有壳体、圆锥体和排尘口等。防止磨损的技术措施包括:

防止排尘口堵塞。主要方法是选择优质卸灰阀,使用中加强对卸灰阀的调整和检修。

防止过多的气体倒流入排灰口。使用的卸灰阀要严密,配重得当。

经常检查除尘器有无因磨损而漏气的现象,以便及时采取措施予以杜绝。

在粉尘颗粒冲击部位,使用可以更换的抗磨板或增加耐磨层。

尽量减少焊缝和接头,必须有的焊缝应磨平,法兰止口及垫片的内径相同且保持良好的对中性。

除尘器壁面处的气流切向速度和入口气流速度应保持在临界范围以内。

(4)避免粉尘堵塞和积灰

旋风除尘器的堵塞和积灰主要发生在排尘口附近,其次发生在进排气的管道里。

排尘口堵塞及预防措施。引起排尘口堵塞通常有两个原因:一是大块物料或杂物(如刨花、木片、塑料袋、碎纸、破布等)滞留在排尘口,之后粉尘在其周围聚积;二是灰斗内灰尘堆积过多,未能及时排出。预防排尘口堵塞的措施:在吸气口增加一栅网;在排尘口上部增加手掏孔(孔盖加垫片并涂密封膏)。

进排气口堵塞及其预防措施。进排气口堵塞现象多是设计不当造成的——进排气口略有粗糙直角、斜角等就会形成粉尘的黏附、加厚,直至堵塞。

3.旋风除尘器故障排除

旋风除尘器常见故障现象的原因分析及排除方法介绍如下:

(1)故障现象:壳体纵向磨损

原因分析:①壳体过度弯曲而不圆,造成盛况凸块;②内部焊缝未打磨光滑;③焊接金属和基底金属硬度差异较大,邻近焊接处的金属因退火而软于基体金属。

排除方法:①矫正消除凸形;②打磨光滑,且和壳内壁表面一样光滑;③尽量减小硬度差异。

(2)故障现象:壳体横向磨损

原因分析:①壳体连接处的内表面不光滑或不同心;②不同金属的硬度差异。

排除方法:①处理连接处内表面,保持光滑和同心度;②减少硬度差异。

(3)故障现象:圆锥体下部和排尘口磨损,排尘不良

原因分析:①倒流入灰斗气体增至临界点;②排灰口堵塞或灰斗粉尘装得太满。

排除方法:①对于单筒器,应防止气体漏入灰斗或料腿部;对于多管器,应减少气体再循环;②疏通堵塞,防止灰斗中粉尘沉积到排尘口高度。

(4)故障现象:气体入口磨损

原因分析:同壳体磨损。

排除方法:①对于切向收缩入口式除尘器,消除方法同壳体的预防措施;②对于平直扩散入口式除尘器,可在易磨损部位设置与内表面平齐且能更换的磨板。

(5)故障现象:撩拨管磨损

原因分析:排尘口堵塞或灰斗中积灰过满。

排除方法:疏通堵塞,减少灰斗积灰高度。

(6)故障现象:壁面积灰严重

原因分析:①壁面表面不光滑;②微细尘粒含量过多;③气体中水气冷凝,出现结露或结块。

排除方法:①处理内表面;②定期导入含粗粒子气体擦清壁面;③定期将大气或压缩空气引进灰斗,使气体从灰斗倒流一段时间,清理壁面,保持切向速度 15 m/s 以上;④隔热保温或对器壁加热。

(7)故障现象:排尘口堵塞

原因分析:①大块物料式杂物进入;②灰斗内粉尘堆积过多。

排除方法:①及时检查、消除;②采用人工或机械方法保持排尘口清洁,以使排灰畅通。

(8)故障现象:进气和排气通道堵塞

原因分析:进气管内侧和排气管内外侧的积灰。

排除方法:检查压力变化,定时吹灰处理或利用清灰装置清除积灰。

(9)故障现象:排气烟色恶化而压差增大

原因分析:①含尘气体性状变化或温度降低;②停止时烟尘未置换彻底,造成筒体尘灰堆积。

排除方法:①提高温度,改善气体性质;②消除积灰。

(10)故障现象:排气烟色恶化而压差减小

原因分析:①内筒被粉尘磨损而穿孔,使气体发生旁路;②上部管板与内筒密封件气密性恶化;③外筒被粉尘磨损,或焊接不良使外筒磨损穿孔;④多管除尘器的下部管板与外筒密封件气密性恶化;⑤灰斗下端或法兰处气密性不良,有空气由该处漏入;⑥卸灰阀不严,有漏风现象。

排除方法:①修补穿孔;②调整式更换密封件;③修补;④调整或更换盘根;⑤检查并处理,保持严密;⑥检修或更换卸灰阀。

三、惯性除尘器

惯性除尘器是利用惯性力作用使粉尘从气流中分离的装置,其工作原理是以惯性分离为主,同时还有重力和离心力的作用。惯性除尘器一般分为回转式和碰撞式两类,阻挡物用挡板、槽形条等,其结构示意图见图 4-4。图 4-4a 和图 4-4c 分别为回转式和百叶窗式,其原理都是因含尘气流发生回转,尘粒靠惯性力作用直接进入下部灰斗中。图 4-4b 和图 4-4d 分别为单级碰撞式和多级碰撞式,当粉尘借惯性力撞击到挡板上后,惯性力消失,尘粒依靠重力作用落入灰斗。含尘气流的流速越高,方向转变角度越大,转弯次数越多,惯性除尘器的除尘效率越高,但流动阻力也相应增大,一般为 300～1 000 Pa。由于气流转弯次数有限,并且考虑压力损失不宜过高,一般除尘效率不高。如果采用湿式惯性除尘器,即在挡板上淋水形成水膜,可以提高除尘效率。

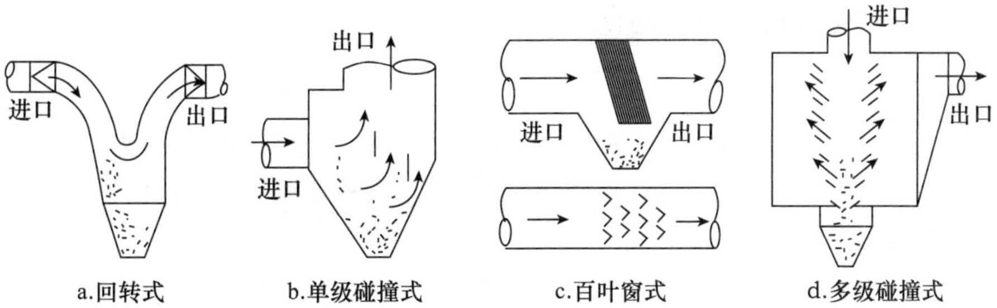

图 4-4 惯性除尘器结构示意

惯性除尘器适用于非黏结性和非纤维性粉尘的去除，以免堵塞，宜用于净化密度和颗粒直径较大的金属或矿物粉尘。常用于除尘系统的第一级，捕集 10～20 μm 及以上的粗尘粒。

任务二　过滤式除尘器的选择与设计

利用含尘气流通过滤材或滤层使粉尘分离和捕集的装置称为过滤式除尘器，一般可分表面过滤器和内部过滤器。表面过滤器采用多孔织物（棉、毛或人造纤维）等薄层滤料进行微粒的捕集，又称袋式过滤器。内部过滤器则是把松散滤料（玻璃纤维、硅砂、煤粒等）填充在框架或容器内作为过滤层的过滤器。

一、袋式除尘器

袋式除尘器是表面过滤器中的主要类型。它是将织物制成滤袋，当含尘气流体穿过滤料孔隙时粉尘被拦截下来，沉积在滤袋上的粉尘通过机械振动，从滤料表面脱下来，降至灰斗中（图 4-5）。袋式除尘器是传统而广泛采用的除尘设备，适用于粒径小于 1 μm 的颗粒。其优缺点如下：

优点：①除尘效率高，随着纤维布厚度的增加，除尘效率也会增加，可达 99%以上，回收一部分干料，净化气体可循环使用，节省能源；②适应性强，能处理不同类型的颗粒污染物（包括电除尘器不易处理的高比电阻粉尘），袋滤器可大可小；③操作弹性大，入口气体含尘浓度变化较大时，对除尘效率影响不大；④结构简单，使用灵活，便于回收干料。

缺点：①不易处理湿度大、黏度大的气流，投资较高；②压力损失大，造成处理风量小，能耗大，压降过大，粉尘造成局部穿孔，并造成滤布损失大；③其应用受到滤布耐温、耐腐等操作性能的限制；④一般滤布的使用温度应小于 300 ℃，烟气温度不能低于露点温度。

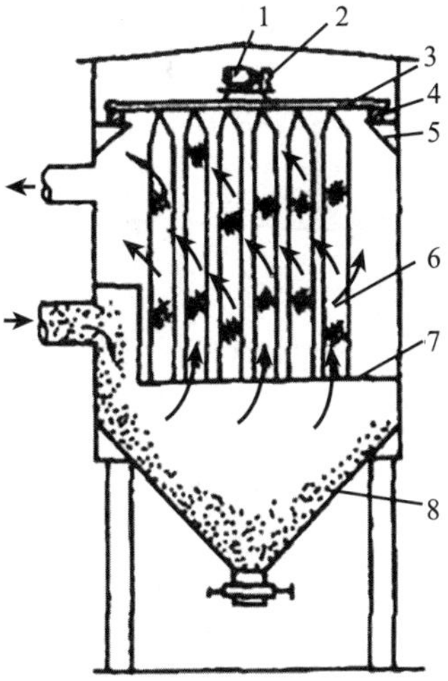

图 4-5 机械式清灰袋式除尘器

1—电机；2—偏心块；3—振动架；4—橡胶垫；5—支座；6—滤袋；7—花板；8—灰斗

(一)袋式除尘器除尘过程及构造

1.除尘机理

袋式除尘器是利用棉毛、人造纤维等织物进行过滤的一种除尘装置,滤料本身的网孔较大,为20～50 μm,绒布为5～10 μm,却能除去粒径1 μm以下的颗粒,除尘效率很高。新滤料除尘效率不高。其机理介绍如下。

筛过作用:当粉尘粒径大于滤布孔隙或沉积在滤布上的尘粒间孔隙时,粉尘即被截留下来。由于新滤布孔隙远大于粉尘粒径,阻留作用很小,但当滤布表面积沉积大量粉尘后,阻留作用就显著增大。

惯性碰撞:当含尘气流接近过滤纤维时,气流将绕过纤维,而尘粒由于惯性作用继续直线前进,撞击到纤维上即会被捕集,这种惯性碰撞作用随粉尘粒径及流速的增大而增强。

扩散和静电作用:小于1 μm的尘粒,在气流速度很低时,其除尘机理主要是扩散和静电作用。

重力沉降:当缓慢运动的含尘气流进入除尘器内,粒径和密度大的尘粒可能因重力作用自然沉降下来。

2.除尘过程

除尘过程如下:含尘气体→滤料→形成粉尘初层→过滤、清灰(保持初层)。

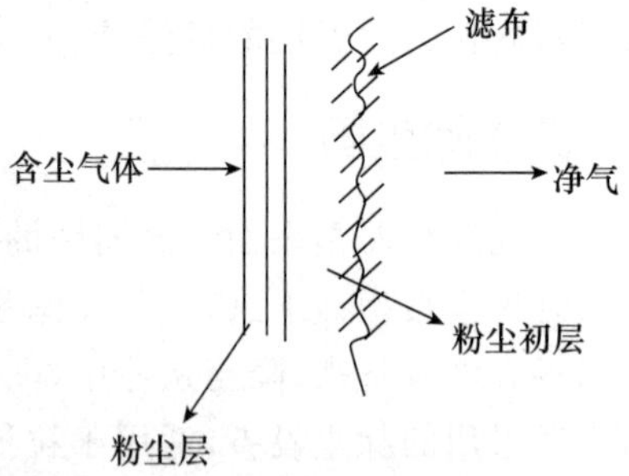

图4-6 滤布的除尘过程

滤布的除尘过程(图4-6):含尘气体通过滤袋,过一段时间后,表面积聚了一层粉尘层(称为粉尘初层)。在以后的运行中,粉尘初层成了主要过滤层,滤布只起形成粉尘初层和支撑它的骨架作用。由于粉尘初层的影响,网孔较大的滤料也能获得较高的除尘效率。随着滤料上粉尘的积聚,除尘效率和压力损失都相应增加。当滤料两侧压差很大时,会把已附着在滤料上的细尘挤压过去,使效率降低。另外,阻力过高,处理风量显著下降,影响排放效果,故除尘器应控制一定的阻力,及时清灰,但不能破坏粉尘初层。袋式除尘器所用的滤布多为圆柱形($d=125\sim500$ mm),也有扁形的,滤袋长一般为几米。现在袋式除尘器已在冶金、水泥、化工、陶瓷、食品等不同的行业得到广泛的应用。

3.结构类型

上进风式和下进风式　方便安装、操作,减少积灰对运行的影响,多采用下进气方式。

圆袋式和扁袋式　圆袋式指滤袋为圆筒形,扁袋式指滤袋为平板形(信封形)、梯形、楔形以及其他非圆筒形。

吸入式和压入式　吸入式风机位于除尘器之后,除尘器为负压工作。压入式风机位于除尘器之前,除尘器为正压工作。

内滤式和外滤式　内滤式是指含尘气流由袋内流向袋外,利用滤袋内侧捕集粉尘。外滤式指含尘气流由袋外流向袋内,利用滤袋外侧捕集粉尘。外滤式和内滤式除尘器如图4-7所示。

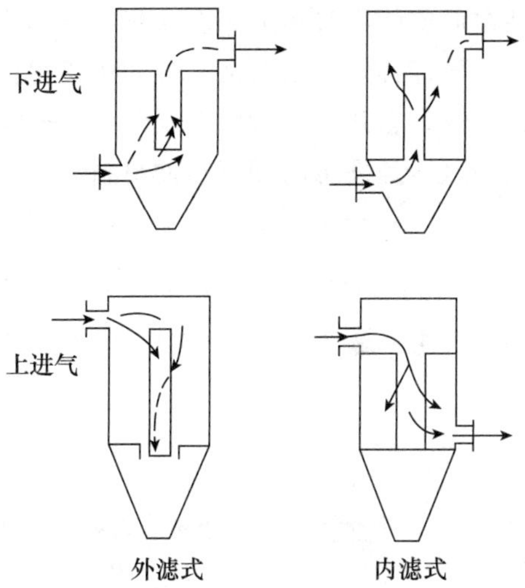

图 4-7 外滤式和内滤式除尘器

4.滤料

滤料性能对袋式除尘器的工作影响很大,性能良好的滤料应具备以下特点:容尘量大,清灰后能保留一定的粉尘层,除尘效率仍较高;透气性好,过滤阻力低;抗皱褶、耐高温、耐腐蚀、机械强度高,使用寿命长;吸湿性小,易于清除黏附在上面的粉尘粒子;成本低,滤料材料可用天然纤维、无机纤维和合成纤维。

一般来说,表面光滑的滤料容尘量小,清灰方便,适用于含尘浓度低、黏性大的粉尘,采用的过滤速度不宜过高;表面起毛(绒)的滤料容尘量大,粉尘能深入滤料内部,可以采用较高的过滤速度,但必须及时清灰。

滤料的种类可按以下两种方式划分:

(1) 按滤料材质分

天然纤维:棉毛织物,适于无腐蚀、350～360 K 及以下气体;无机纤维:主要指玻璃纤维,化学稳定性好,耐高温,质地脆;合成纤维:性能各异,满足不同需要,扩大除尘器的应用领域。

(2)按滤料结构分

滤布(编织物)。毛毡:工艺简单;致密,除尘效率高;容尘量小,易于清灰。

目前中国生产的滤料:玻璃纤维类滤料、聚合物类滤料、琉璃纤维覆膜滤料。

①玻璃纤维类滤料:具有耐高温(280 ℃)、耐腐蚀、表面光滑、不易结露、不缩水等优点,工业中广泛应用,滤布经表面处理,可形成不同的性质,如防结露、抗静电等。目前国内生产以下三种:

普通玻璃纤维:价格较低,清灰容易,但除尘效率低,粉尘排放量略大,可在排放要求不高、粉尘价低的场合使用;

玻璃纤维膨胀体纱:捕捉粉尘能力好,除尘效率高,价格适中,适宜在反吹风清灰方式的袋式除尘设备中使用;

玻璃纤维针刺毡:透气性好,系统阻力小,除尘效率更高,但价格较贵。

②聚合物类滤料:强度高、抗折性能好、透气性好、收尘效果好,适宜在低于 120 ℃废气温度的袋式除尘设备中使用。

③玻璃纤维覆膜滤料：是在玻璃纤维基布上复合多微孔聚四氟乙烯薄膜制成的新型过滤材料，集中了玻璃纤维的高强低伸，耐高温、耐腐蚀和聚四氟乙烯的多微孔薄膜的表面光滑，憎水透气，化学稳定性好等优良特性。它几乎能截留含尘气流中的全部粉尘，且能在不增加运行阻力的情况下保证气流的最大通量，是理想的烟气过滤材料。

5.清灰方式

清灰是袋式除尘器运行中十分重要的一环，多数袋式除尘器是按清灰方式命名和分类的。清灰方式分为五类：机械振动类、分室反吹类、喷嘴反吹类、振动和反吹并用类、脉冲喷吹类。常见清灰方式如图 4-8 所示。

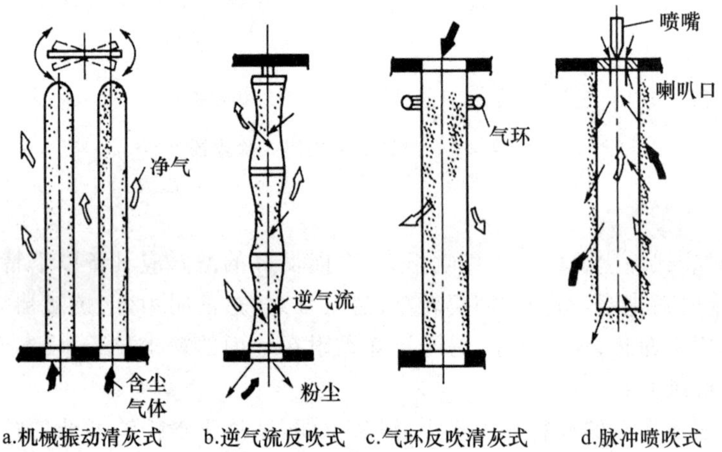

图 4-8　常见清灰方式

(1)机械振动类

利用机械装置(含手动、电磁或气动装置)使滤袋产生振动而清灰的袋式除尘器，分为低频、中频、高频和分室振动四种。低频振动：是指以凸轮机构传动的振打式清灰方法，振打频率不超过 60 次/min；中频振动：是指以偏心机构传动的摇动式清灰方法，摇动频率一般为 60～700 次/min；高频振动：是指用电动振动器传动的微振幅清灰方法，其频率均高于 71 次/min；分室振动：是指各种振动频率的分室结构袋式除尘器。

此类型袋式除尘器的优点是工作性能稳定，清灰效果较好；缺点是滤袋常受机械力作用，损坏较快，滤袋检修与更换工作量大。

(2)分室反吹类

采取分室结构，利用阀门逐室切换气流，在反向气流作用下，迫使滤袋缩瘪或鼓胀而清灰的袋式除尘器。根据工作过程中的工作状态又分为分室二态反吹、分室三态反吹和分室脉动反吹三种。

分室二态反吹：清灰过程只有“过滤”“反吹”两种工作状态；分室三态反吹：清灰过程具有“过滤”“反吹”“沉降”三种工作状态；分室脉动反吹：反吹气流呈脉动状供给的反吹袋式除尘器。

(3)喷嘴反吹类

以高压风机或压气机提供反吹气流，通过移动的喷嘴进行反吹，使滤袋变形抖动并穿透滤料而清灰的袋式除尘器，均为非分室结构。

气环反吹袋式除尘器：是指喷嘴为环缝形，套在滤袋外面，经上下移动进行反吹清灰。回转反吹袋式除尘器：是指喷嘴为条口形或圆形，经回转运动，依次与各个滤袋净气出口相对，进行反吹清灰。往复反吹袋式除尘器：是指喷嘴为条口形，经往复运动，依次与各个滤袋净气出口相对，进行反吹清灰。回转脉动袋式除尘器：是指反吹气流呈脉动状供给的回转反吹袋式除尘器；往复脉动反吹袋式除尘器，是指反吹气流呈脉动状供给的往复反吹袋式除尘器。

(4)振动和反吹并用类

机械振动(含电磁振动或气动振动)和反吹两种清灰方法并用的袋式除尘器，均为分室结构。

(5)脉冲喷吹类

以压缩空气为清灰动力，利用脉冲喷吹机构在瞬间放出压缩空气，诱导数倍的二次空气高速射入滤袋，使滤袋急剧鼓胀，依靠冲击振动和反向气流而清灰的袋式除尘器。低于 392 kPa 者称为低压喷吹；采用高阻阀，喷吹气压高于 392 kPa 者称为高压喷吹。根据喷吹气源压强和结构特征分为以下类型。

逆喷低压脉冲：指低压喷吹，喷吹气流与滤袋内净气流向相反，净气由上部净气箱排出；逆喷高压脉冲：指高压喷吹，喷吹气流与滤袋内净气流向相反，净气由上部净气箱排出。顺喷低压脉冲：指低压喷吹，喷吹气流与过滤后袋内净气流向一致，净气由下部净气箱排出；顺喷高压脉冲：指高压喷吹，喷吹气流与过滤后袋内净气流向一致，净气由下部净气箱排出；对喷低压脉冲：指低压喷吹，喷吹气流从滤袋上下同时射入，净气由净气联箱排出；对喷高压脉冲：指高压喷吹，喷吹气流从滤袋上下同时射入，净气由净气联箱排出；环隙低压脉冲：指低压喷吹，使用环隙形喷吹引射器的逆喷式脉冲袋式除尘器；环隙低高脉冲：指高压喷吹，使用环隙形喷吹引射器的逆喷式脉冲袋式除尘器；分室低压脉冲：指低压喷吹，袋室为分室结构，按程序逐室喷吹清灰，但只把喷吹气流喷入净气箱而不直接喷入滤袋；长袋型低压脉冲：指低压喷吹，滤袋长度超过 5.5 m 的逆喷式脉冲袋式除尘器。

(二)除尘器选择与设计

1.选定除尘器类型、滤料

根据对除尘效率的要求、厂房面积、投资和设备订货的情况等，选定除尘器类型。根据含尘气体特性，选择合适的滤料。

湿度：水蒸气体积百分率＞85％或相对湿度＞80％时属湿含尘气体，应选用表面光洁、滑爽、纤维材质等易清灰滤料，并对其表面进行硅油处理或涂布等，滤袋选圆形。

性状和颗粒比：光滑不易捕获，粗细共存粉尘易过滤和清灰。

附着性和凝聚性：附着力要适中，黏性大粉尘不用起绒织物。

吸湿性和潮解性：黏结使清灰困难，易堵塞，如 CaO。

磨损性：表面粗糙、尖棱、不规则磨损性大，粒径 90 μm 尘粒的磨损性最大，水泥熟料(烧结矿粉)属高磨损性粉尘。

可燃性和爆炸性：采取防爆阻燃措施，如阻燃型，特制的清静电滤料。

一般在含水量较小、无酸性时，根据含尘气体温度来选用。当温度低于 130 ℃时，常用 500～550 g/m^2 的涤纶针刺毡；当温度低于 250 ℃时，宜选用芳纶诺梅克斯针刺毡，或 800 g/m^2

的玻纤针刺毡，或 800 g/m^2 纬双重玻纤织物，或氟美斯(FMS)高温滤料(含氟气体不能用玻纤材质)。

当含水分量较大，粉尘浓度又较大时，宜选用防水、防油滤料(或称抗结露滤料)或者是覆盖滤料(基布应是经过防水处理的针刺毡)。

当含尘气体含酸、碱性且气体温度低于 190 ℃，常选用莱通(Ryton 聚苯硫醚)针刺毡；当气体温度低于 240 ℃，耐酸碱性要求不太高时，可选用 P84(聚酰亚胺)针刺毡。

当含尘气体为易燃易爆气体时，选用防静电涤纶针刺毡；当含尘气体既有一定的水分又易燃易爆时，选用防水、防油、防静电(三防)涤纶针刺毡。

2.选择清灰方式

根据除尘器类型、滤料种类、气体含尘浓度、允许的压力损失等便可初步确定清灰方式(表 4-2)。

表 4-2　清灰方式的选择

应用	气布比	主要清灰方式	粉尘		主要滤布方式
			粒径	密度	
谷物加工	12～14	F	大	低	RA
石灰石(采石场)	6～8	F	大	中	PJ
氧化铅	1.5～2	W	小	高	S
煤飞灰(采暖锅炉)	2～3	W	小	中	RA
煤飞灰(工业锅炉)	4～5	W/F	中	中	PJ
水泥(窑炉)	2～3	W	中	中	RA

注：RA—空气反吹；PJ—脉冲喷吹；S—振打清灰；F—毡制；W—纺织。

3.确定过滤风速

一般情况下的过滤风速归纳如下。简易清灰：$v=0.20\sim0.75$ m/min；机械振动清灰：$v=1.0\sim2.0$ m/min；逆气流反吹清灰：$v=0.5\sim2.0$ m/min；脉冲喷吹清灰：$v=2.0\sim4.0$ m/min；涤纶滤料：$v=0.6\sim1.0$ m/min；玻璃纤维滤料：$v=0.4\sim0.5$ m/min。

4.计算过滤面积和滤袋袋数

过滤面积的计算：根据气体处理量大小，选择适当过滤面积。面积太大，设备投资大；面积太小，过滤阻力大，操作费用高，滤布使用寿命短。

$$A=\frac{Q}{u}$$

式中，u——过滤速度，m/s；

Q——袋式除尘器的处理气量，m^3/s；

A——袋式除尘器的过滤面积，m^2。

滤袋袋数计算：直径由滤布规格来定，同一工厂用同一规格，以方便检修，滤袋直径一般为 100～600 mm，常用 200～300 mm，滤袋长度一般取 3～5 m。

$$n=\frac{A}{\pi dl}$$

式中，n——滤袋袋数；

d——单个滤袋的直径，m；

l——单个滤袋的长度，m。

5.滤袋排列

有三角形排列和正方形排列。

三角形排列：占地面积小，但检修不方便，不利于空气流通。

正方形排列：更常用。滤袋直径 150 mm/210 mm/230 mm，间距 180～190 mm/250～280 mm/280～300 mm。滤袋条数多时将滤袋分成若干组，最多可由 6 列组成一组，组间留 400 mm 宽检修通道，边排滤袋和壳体留间距 200 mm 宽检修通道。

确定尺寸及排列方法后，可确定除尘器简易平面尺寸。

6.确定气体分配室

气体分配室应有足够空间，净空高不应小于 1 000 mm，保证气体均匀地分配给各个滤袋。

$$F=\frac{Q}{u_t}$$

式中，F——气体分配室的截面积，m^2；

u_t——气体分配室进口气速，一般取 1.5～2.0m/s。

7.确定排气管直径和灰斗高度

排气管直径按排气速度为 2～5 m/s 确定。灰斗高度根据粉尘性质而选取的灰斗倾斜角进行计算确定。

8.确定过滤周期

过滤周期的长短应根据压力损失和烟气流量的变化确定，随着粉尘层厚度的变化而变化。它们都与除尘系统采用的风机的特性和总能耗有关。

$$t=\frac{\Delta P_d}{Rc_i\mu u^2}$$

式中：t——过滤周期，s；

u——过滤速度，m/s；

R——粉尘层的平均比阻力，m/kg；

c_i——除尘器进口气体含尘浓度，kg/m^3；

μ——气体黏度，Pa·s；

ΔP_d——滤料上积附粉尘层阻力，Pa。

9.提出风机和管道的技术要求

采用一级除尘时，一般压力损失在 980～1 470 Pa；

采用二级除尘时，一般压力损失在 490～784 Pa。

10.经济核算

最佳操作就是最佳费用，即长期的最低费用。

11.压力损失

压力损失决定着装置的能耗大小、除尘效率、清灰时间间隔。

袋式除尘器的压力损失 ΔP 包括清洁滤料的压力损失 $\Delta P_0=\xi_0\mu u$ 和滤料上粉尘层的压力损失 $\Delta P_d=Rm\mu u$，其中 $R=\xi_d\mu u$。

R 为粉尘层的平均比阻力，即 $\mu=1$ Pa·s，$m=1$ kg/m² 时的粉尘阻力。

$$\Delta P=\Delta P_0+\Delta P_d=\xi\mu u=(\xi_0+Rm)\mu u=\left(\xi_0+R\frac{G_a}{A}\right)\mu u$$

式中，μ——气体黏度，Pa·s；

ξ——总阻力系数，1/m；

ξ_0——清洁滤料的阻力系数，1/m；

u——过滤速度，m/s；

m——滤料上的粉尘负荷，kg/m²；

R——粉尘层的平均比阻力，m/kg。

上式说明：ΔP 与过滤速度、气体黏度成正比。该特性与其他种类型的除尘器完全不同。

$$R=\frac{30(1-\xi_s)}{d_p^2\xi_s^2\rho_s}$$

式中，d_p——尘粒比表面平均粒径，m；

ξ_s——粉尘层平均孔隙率，%；

ρ_s——粉尘层平均密度，kg/m³。

若粉尘层平均阻力系数 $m=c_0u_ft\eta$，则 $\Delta P=(\xi_0+\eta c_0tRu_f)\mu u_f$，$c_0$ 为入口含尘浓度，t 为过滤时间。

清洁滤料的阻力 ΔP_0 很小，一般可忽略。其阻力系数在 $10^7\sim10^8$(1/m)。

粉尘层平均比阻力随粉尘负荷和滤料特性不同而变化。袋式除尘器的压力损失一般控制在 800～1 500 Pa，当阻力达到预定值时，需对滤袋清灰，若入口含尘浓度大，清灰时间变短，清灰次数增加，会导致滤料寿命缩短。

例 4-2 某县硅石矿系统总流量为 5 000 m³/h，气体组成近似于空气，温度 50 ℃，粉尘主要成分硅石粉浓度 6 g/m³，要求设计一袋式除尘器。

设计方案步骤：

(1)确定滤袋尺寸

滤袋采用 DD—9＃涤纶。滤袋类型：圆形。清灰方式：机械清灰，过滤风速为 $V_f=2$ m/min。

过滤面积 $A=Q/V_f=5\,000/120=41.7(\text{m}^2)$。

(2)滤袋尺寸

取直径 $d=120$ mm，长度 $l=4$ m。

(3)求单只滤袋面积

$$a_f=\pi dl=\pi\times0.12\times4\approx1.51(\text{m}^2)$$

(4)袋子只数

$$n=\frac{A}{a_f}=\frac{41.7}{1.51}=27.6\quad 取 28 只$$

(5)计算压力损失

$\Delta P=(\xi_0+Rm)V_f\mu$　　$V_f=2$ m/min$=0.033$ m/s　　取 m(粉尘负荷)$=0.1$ kg/m²

平均比阻力 $R=1.5\times10^{10}\ \mathrm{m/kg}$，$\mu=1.96\times10^{-5}\ \mathrm{kg/(m\cdot s)}$，$\xi_0=4.8\times10^{7}\ \mathrm{m^{-1}}$

$\Delta P=(4.8\times10^{7}+1.5\times10^{10}\times0.1)\times0.033\times1.96\times10^{-5}=1\ 012(\mathrm{Pa})$。

(6)估算过滤时间 t

取 $\Delta P\approx1\ 100\ \mathrm{Pa}\approx\Delta P_{\mathrm{d}}=R\mu V_{\mathrm{f}}^{2}c_{0}t$

$$t=\frac{\Delta P}{R\mu V_{\mathrm{f}}^{2}c_{0}}=\frac{1\ 100}{1.5\times10^{10}\times1.96\times10^{-5}\times(0.033)^{2}\times6\times10^{-3}}=572(\mathrm{s})=9.5(\mathrm{min})$$

取 10 min。

(7)其他设计内容

①滤袋布置，袋子吊挂方式；

②壳体设计、箱体、进出气管、灰斗、人孔、操作平台等；

③清灰机构的设计；

④粉尘输送；

⑤管道、阀门、风机等。

二、颗粒层除尘器

(一)除尘机理

颗粒层除尘器是利用颗粒状物料(如硅石、砾石、焦炭等)作为填料层的一种内部过滤器。在除尘过程中，气体中的粉尘粒子主要是在惯性碰撞、截留、扩散、重力沉降和静电力等多种力的作用下分离出来。其优点：结构简单、过滤能力不受灰尘比电阻影响、能够净化易燃易爆的含尘气体、维修方便、耐高温、耐腐蚀、效率高等。广泛应用于高温烟气的除尘器主要分为移动床颗粒层除尘器和梳耙式颗粒层除尘器。

(二)颗粒层除尘器的性能指标

性能指标：除尘效率、床层阻力、过滤风速。

主要影响因素：床层颗粒的粒径、床层厚度和过滤风速。

对单层旋风颗粒层除尘器，颗粒粒径以 2～5 mm 为宜，其中小于 3 mm 粒径的颗粒应占 1/3 以上。

颗粒层厚度一般为 100～200 mm，颗粒常用表面粗糙的硅石(颗粒粒径为 1.5～5 mm)，其耐磨性和耐腐蚀性都很强。

过滤风速取 30～40 m/min，除尘器总阻力为 1 000～1 200 Pa，对 0.5 μm 以上的粉尘，过滤效率>95%。

任务三 静电除尘器的选择与设计

静电除尘器是含尘气体在通过高压电场进行电离的过程中，使尘粒荷电，并在电场力的作用下使尘粒沉积在集尘板上，将尘粒从含尘气体中分离出来的一种除尘设备。静电除尘过程与其他除尘过程的根本区别在于，分离力(主要是静电力)直接作用在粒子上，而不是作用在整个气流上，这就决定了它具有分离粒子耗能小、气流阻力也小的特点。由于作用在粒子上的静

电力相对较大,即使对亚微米级的粒子也能有效地捕集。静电除尘器主要优点为:

(1)分离的作用力直接施于粒子本身,这种力是由电场中粉尘荷电引起的库仑力,而机械方法大多把作用力作用在整个气体。

(2)直接作用的结果使得静电除尘器比其他除尘器所需功率少,气流阻力小。处理1 000 m^3/h 的气体,耗电 0.2~0.4 度,$\Delta P=100\sim1\ 000$ Pa。

(3)它既不像重力沉降法或惯性法那样只限于回收粗粒子,也不像介质过滤法或洗涤法那样受到气体运动阻力的限制,能回收微型范围的细小粒子(1 μm 左右的)。

(4)除尘效率高,一般在 95%~99%,可高于 99%。处理气量大,可应用于高温、高压气体,具有克服气体和粒子腐蚀的能力。连续操作并可自动化,故广泛应用于许多方面。

静电除尘器主要应用领域:冶金领域,如铜、铅、锌冶炼厂;贵金属回收(回收金);钢铁工业方面;水泥生产方面;化学工业和工艺过程方面;燃料煤气的脱焦;煤烟的除尘;炭黑的回收;造纸厂中的应用;电力生产中的应用;电子工业的空气净化等。

在收集细粉尘的场合,静电除尘器已是主要的除尘装置之一。

一、静电除尘器的除尘过程

含尘气流通过电晕放电的高压电场时,颗粒荷电,从而在电场力(库仑力)作用下,使荷电粒子在集尘电极上发生电力沉降。这种分离方式主要用于电力除尘器,其除尘机理如图 4-9 所示。静电分离是在针状电极和平板状电极(圆筒形)之间通过较高的直流电压,使之产生电场和发生电晕放电。针状电极称为放电电极,又称电晕极,为负极;接地的平板状电极称为集尘极,为正极。在电场的作用下,运动的自由电子在两极之间形成了微弱电流。电压越高,电场强度越大,电晕极附近自由电子的运动速度越快。高速运动的自由电子撞击中性气体分子使之电离,产生大量正、负离子和自由电子,使极间电流(电晕电流)急剧增大,在电晕极附近发生电晕放电,形成了电晕区。正离子与针状电极立即中和消失。负离子和自由电子受电场力的作用向集尘电极移动,移动时与粉尘粒子碰撞接触而结合在一起,使尘粒荷电。带负电荷的粉尘在电场力的驱动下向集尘极转移,最后附着在集尘极上而与气流分离。

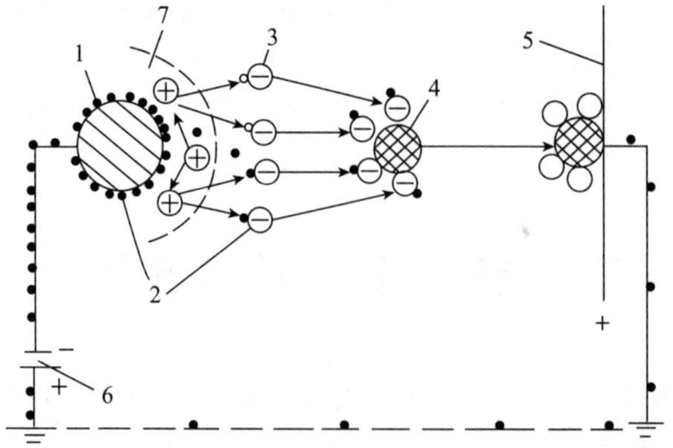

图 4-9 静电除尘机理

1—电晕极;2—电子;3—离子;4—粒子;5—集尘极;6—电源;7—电晕区

(一)电晕放电

如果在两块平行板之间建立电位差,则形成的是均匀电场。当电位差增大到一定值时,电场中任一点的场强也均增大到某一定值。如达到一个临界值,整个电场就都发生电击穿,在板之间产生火花放电。此时,虽然极板间通过的电流大,但只限于在狭条通道中产生气体离子,这种情况还能使尘粒有效地荷电,而且火花会扰动收尘电极上的灰尘层,从而降低收尘效率。如果在曲率很大的表面(如一尖端或一根细线和一根管子或一块板)之间有电位差,则能形成非均匀电场而产生电晕放电。虽然交流电压也能产生电晕,但交流电晕使荷电粒子产生摆动运动,而直流电晕则产生把离子驱向收尘电极的稳定的力,所以静电除尘通常都是单极放电。静电除尘中所采用的单极性电晕是在放电电极和收尘电极间形成的稳定的自发的气体放电,电离过程局限在放电电极邻近的强电场中的辉光区或邻近辉光区的地方。

正电晕:运行电压范围宽,V_c 低,击穿电位高,除尘中应用广泛。负电晕:小型,空气调节系统用。

阳电晕或阴电晕的存在有两个主要条件:

(1)在电晕电极附近必须有充足的电离源;

(2)在电离区发射出的离子必须能在电晕外区生成有效的空间电荷。

在密度很大的气体中采用细金属线(或其他具有锐边或尖点的材料)作为电晕电极就可满足第一条件。根据电极极性的不同,电晕有阳电晕与阴电晕之分。当放电电极和高压直流电源的阴极连接时,就产生阴电晕。

电晕放电效果与电压有关。当电压较低时,不足以使自由电子获得高速运动的能量,因此难以撞击气体分子使之电离而实现电晕放电。当达到起晕电压后,一般为 20 kV,产生电晕放电,电晕电流 I 呈抛物线上升。随着电压的增大,空气电离即电晕放电的范围逐渐扩大。若电压高到一定值,一般高于 60 kV,达到击穿电压后,I 急剧上升,会使两极间的空气全部电离,整个电场被击穿,发生弧光放电,电路短路,烧坏电极或供电设备。正负电晕极在空气中的电晕电流-电压曲线如图 4-10 所示。实践表明,负电晕电流高于同一电压下的正电晕电流,而且负电晕击穿电压高于正电晕,因此负电晕稳定性好,对除尘有利。

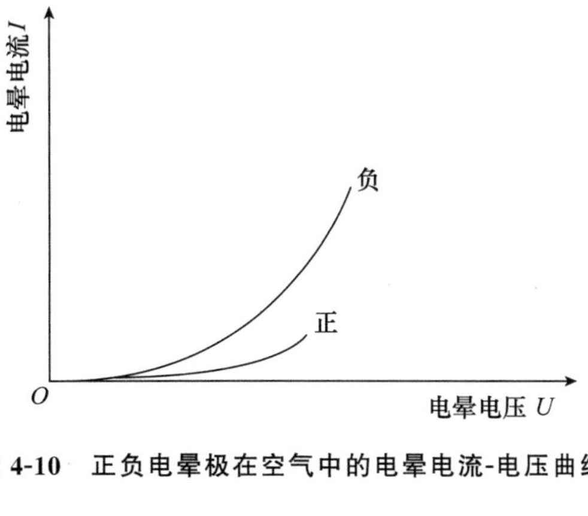

图 4-10 正负电晕极在空气中的电晕电流-电压曲线

1.阴电晕形成机理

由于自然界的放射性、宇宙线、紫外线等的作用,气体通常是包含一些被电离的分子和自由电子的。在达到一定电位差的非均匀电场中,靠近阴极线的强电场区域内,自由电子从电场获得能量(足够),由于和气体分子碰撞而产生阳离子和新的电子,这些新电子又被加速而产生进一步的电离,形成被称为“电子雪崩”的积累过程。阳离子被加速引向阴极线,使阴极表面释放出维持放电所必需的二次电子,同时,来自电晕区域的紫外线光子也使极线释放电子或使周围气体光化电离。在强电场区域以外,电子逐渐减慢到小于碰撞电离所必需的速度,并附着在气体分子上形成气体离子。这些气体离子向集尘极运动,其速度和它们的电荷及电场强度成比例,这些离子构成电晕区以外整个空间的唯一电流。

阴电晕的形成只是在具有很大的电子亲和力的气体或混合气体中有可能。其外观在放电电极周围有一连串光点或刷毛状辉光。

阳电晕的形成机制与阴电晕显著不同,在阳电晕情况下,靠近阳极的放电极线的强电场空间内,自由电子和气体分子碰撞形成“电子雪崩”过程。这些电子向着极线运动,而气体阳离子则离开极线向强度逐步降低的电场运动,成为电晕外区空间内的全部电流。

阳电晕外观比较光滑。均匀的蓝色的亮光包着整个放电电极表面,这种电离过程有扩散性质。

2.电晕起始电压

电晕起始电压指开始发生电晕放电时的电压,也称临界电压,与之相应的场强称为电晕起始场强或临界场强 E_r。

$$E_r=\frac{\lambda}{2\pi\xi_0 r}$$

式中,ξ_0——真空中的介电系数,$\xi_0=8.85\times10^{-12}$ F/m;

λ——电荷线密度,c/m;

r——半径,即距电晕线的距离,m。

而任一点的场强等于该点的电位梯度的负值,即

$$E_r=-\frac{\mathrm{d}V}{\mathrm{d}r}$$

通过积分变换得:

$$E_r=\frac{V}{r\ln\left(\frac{b}{a}\right)}$$

此式为任一点场强与电压的关系。

式中,V——电压;

r——距电晕线的距离;

a——电晕线半径;

b——集尘管半径。

上式表明在电晕开始发生之前,管式电除尘器中任一点的场强 E_r 随极间电压 V 的升高、距电晕线距离的减小而增大。当 $r=a$,即在电晕线表面上时,E_r 达最大。

电晕开始发生所需的场强取决于电极的几何形状及气体的性质。皮克(Peek)通过大量

实验研究，提出了计算在空气中电晕起始场强的经验公式：

$$E_r = \pm 3 \times 10^6 f\left(\frac{T_0 P}{TP_0} + 0.03\sqrt{\frac{T_0 P}{TP_0 a}}\right)$$

式中：P_0、T_0——标况下的大气压(1 atm)和温度(298 K)；

T、P——运行状况下的温度和空气压力；

f——导线光滑修正系数，一般 $0.5<f\leqslant 1$，清洁的光滑导线 $f=1$，实际中所遇到的导线可取 $f=0.6\sim 0.7$。

式中正负号视电晕极性而定，正电晕取正号，负电晕取负号。

当 $r=a$ 时，由 $V_c=E_c a\ln\left(\frac{b}{a}\right)$ 代入上式得电晕起始电压计算式(线管式)：

$$V_c = \pm 3 \times 10^6 fa\left(\frac{T_0 P}{TP_0 a} + 0.03\sqrt{\frac{T_0 P}{TP_0 a}}\right)\ln\left(\frac{b}{a}\right)$$

板式电除尘器：

$$V_c = aE_c\ln(d/a)$$

上式中：$d=\frac{4b}{\pi}$(当 $b/c\leqslant 0.6$ 时)；$d=\frac{c}{\pi e^{\pi b/2c}}$(当 $b/c\geqslant 2$ 时)。

前面式中，c 为两个电晕极之间的半径，m；a 为电晕极半径，m；b 为电晕极到集尘极的距离。

可见，电晕起始电压随电极的几何形状而变化，线越细，电晕起始电压越低。

3.影响电晕特性的因素

影响电晕放电的因素有气体组成、温度、压力和电极的形状、尺寸、积灰状况，以及粉尘特性等。

气体组成决定着电荷载体的分子种类。不同的气体，电子附着形成负离子的过程是不同的。如氢、氮和氩等对电子没有亲和力，不能使电子附着形成负离子，而在很多工业废气中存在的氧、二氧化硫等却能很快俘获电子，形成稳定的负离子。另外一些气体，最明显的是二氧化碳、水蒸气对电子无亲和力，电子的附着决定于这种气体的分解。各种气体捕捉电子的能力是不一样的，因此其电压-电流特性也不一样，会显著地影响其阴电晕特性。

气体组成对电压-电流特性的影响是由混合气体中每种组分俘获电子的概率和迁移率不同造成的，也就是由气体捕捉电子的能力不一样造成的。

工业废气主要是混合气体，电子附着取决于每次碰撞的概率和各组分的浓度，混合气体对电子的亲和力总和可利用其中各组分碰撞次数来表示。同时，可以利用混合气体各组分的迁移率来确定气体混合物的当量迁移率。在这里说明一下，离子活度(浓度)高，离子速度大，电晕电流也就较大。

由于其他因素的抵消影响，这些关系并不直接成比例，虽然针对气体组成施加一些措施(如高电压等)对除尘器的性能改善有利，但在工业中很少采用改变气体组成的方法，而常用控制放电极尺寸或其他几何特性的方法改变电压-电流曲线。

气体的温度和压力既能改变电晕起始电压，又能改变电压-电流关系。气体的温度和压力的第一种影响：改变气体密度，使电子平均自由程改变，也就改变为使电子加速到电离所需的速度时所必需的场强。实验表明，压力升高，温度降低，气体密度增加，电晕起始场强增高，电晕起始电压增高。第二种影响:改变电荷载体的有效迁移率,从而改变电压-电流特性。以下三种方式均可使有效迁移率增大:温度、场强不变,减小气体密度;气体密度、场强不变,提高温度;温度、气体密度不变,增大场强。

(二)尘粒荷电

虽然由许多方法能使粒子荷电,但是大部分方法产生的电荷量不高,因为在静电除尘器中作用于粒子的主要是库仑力(粒子直径不同,作用于其上的库仑力不同),$F=qE$,若电荷加倍,分离力也要加倍。其他因素相同,除尘器的尺寸就可以减半。所以,从经济上考虑应使粒子的电荷尽可能大。长期理论和实践证明:单极高压电晕放电优越,可使粒子荷电达到很高程度,故广泛应用。

在静电除尘器中粒子荷电是由气体离子和气溶胶粒子碰撞,离子附着在粒子上而形成。有两种作用机制:离子在电场作用下沿电力线做有规则运动,与粒子碰撞使粒子荷电,称为电场荷电;由于离子的不规则热运动而与粒子碰撞以致粒子荷电,称为扩散荷电。两种荷电同时起作用,就大部分实用的静电除尘器中处理的粒度范围来看,电场荷电较重要,现分别讨论。

1.电场荷电

荷电发生的主要机理随粒子大小不同而异。粒子的电场荷电过程大体上是这样的:当一个粒子进入静电场后,就使电力线集中在其附近而增加粒子表面的电场强度(图 4-11a)。如果粒子是导电的,电场就会变大;如果粒子是介电的,则随着介电常数一起减小。图 4-11a 中的点划线代表通过球形粒子的电场极限,沿着放电电极和收尘电极之间的电力线运动的气体离子,如果是在这些极限之内就会和未荷电的粒子碰撞,被粒子俘获,使粉尘荷电。荷电尘粒产生的电场如图 4-11b 所示,这一电场叠加在外加电场上产生了如图 4-11c 所示的合成电场。此时粒子所带的电荷使附近的电力线变形,从而减小了荷电率。从图 4-11c 可以看出,粒子只从电场的较小部分接受电荷,荷电率相应减小。粒子继续荷电后,在面向流过来的离子的一侧进入粒子的电力线继续减少,最终荷电粒子本身产生的电场与外加电场正好平衡,这时粒子上的电荷达饱和状态(称饱和电荷、极限电荷、最大电荷),荷电即告终止(图 4-11d)。以上荷电方式称为电场荷电。

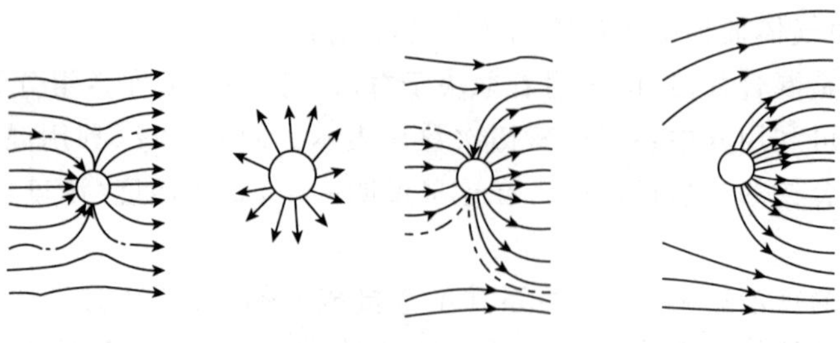

a.粒子荷电　b.自由电场　c.部分电荷　d.电荷饱和

图 4-11　粒子荷电

电场荷电成饱和电荷或极限电荷的大小,在假定粒子是球形,相邻粒子的电场间不相互作用,电场强度是常数时,可以估算出每个粒子所获得的饱和电荷值:

$$q_s = \frac{3\xi_p \xi_0 \pi d_p^2 E_0}{\xi_p + 2}$$

式中，ξ_0——真空介电常数，$\xi_0 = 8.85 \times 10^{-12}$ F/m；

ξ_p——粉尘的相对介电常数，无因次；

d_p——尘粒直径，m；

E_0——两电极间的平均场强，V/m。

饱和电荷的值主要取决于粉尘粒径和随粉尘的介电系数而变化的场强的大小。公式中，饱和电荷值与粒径平方成正比，所以粉尘大小是影响粉尘电荷值的主要因素。一般认为，电场强度和粉尘粒径的增加都会使饱和电荷值增加。使粉尘达到饱和电荷所需的时间随荷电发生区域中的离子密度而变化。影响荷电时间的因素：电晕电流增加则荷电时间变短；电场随时间的变化；由于是经整流的不平滑变电压（未达稳定），在部分周期内荷电间断，粉尘上的电荷过剩，增长了荷电时间，降低了除尘效率。

2.扩散荷电

离子的粒度变小，电场荷电作用就减少，扩散荷电作用就增加。气体中的离子和气体分子一样也有热运动，除了沿电力线定向运动的离子碰撞的电场荷电方式外，不规则热运动引起离子附着而使粒子荷电，这种方式称为扩散荷电。

影响扩散荷电的因素：离子的热能、粒子的粒（密）度、有效作用时间、气体的性能。扩散荷电中不存在理论上的饱和电荷或极限电荷。

3.电场电荷和扩散电荷的综合作用

大多数工业粉尘含有各种粒径范围，电场荷电、扩散荷电都很重要。大粒子（>1 μm）以电场荷电为主，而扩散荷电相对较小可以忽略。很小的粒子（<0.2 μm）电场荷电的电荷值很小，只需考虑扩散荷电。中间粒子（0.2～10 μm）两者都需考虑，荷电量为两者总和。当电场荷电达饱和后，只有扩散荷电。由于粒子的电荷和荷电速率相互关联，在两种荷电都重要时计算就比较复杂。

4.异常荷电现象

沉积在集尘极表面的高比电阻粒子导致在低电压下发生火花放电或在集尘极发生反电晕现象，破坏正常电晕过程；气流中微小粒子的浓度高时，荷电尘粒所形成的电晕电流不大，可是所形成的空间电荷却很大，严重抑制着电晕电流的产生；当含尘量大到某一数值时，电晕现象消失，尘粒在电场中根本得不到电荷，电晕电流几乎减小到零，失去除尘作用，即电晕闭塞。

（三）荷电粒子的运动和捕集

1.驱进速度

在电场中粉尘的运动主要受静电力和空气动力支配。

静电力 $F_1 = qE_p$，其中 E_p 为粒子所处位置的集尘电场强度，V/m。

空气动力主要是由粉尘和气体之间的相对运动所引起的阻力，按斯托克斯公式计算：$F_2 = 3\pi\mu d_p \omega$。

二力相等时，即 $F_1 = F_2$ 时，尘粒就达到一个极限速度或终末速度：

$$\omega=\frac{qE_p}{3\pi\mu d_p}$$

ω 称为尘粒的驱进速度。从式中可看出，驱进速度 ω 与尘粒的荷电量、粒径、电场强度及气体的黏性有关，其方向与电场方向一致，垂直于集尘电极表面。因尘粒的荷电量取决于两种荷电机制，可根据粒径大小确定以哪种荷电方式为主，得到以下驱进速度公式：

较大尘粒：$\omega=\frac{\xi_p\xi_0 d_p E_0 E_p}{(\xi_p+2)\mu}$（电场荷电的饱和电荷值代入即得）

小于 0.2 μm 的尘粒以扩散荷电方式为主，按怀特公式计算电量，但这时的空气阻力因分子间产生滑移而减小，需用肯宁输—斯托克斯修正系数 c 加以修正，得下式：

$$\omega=\frac{qE_p c}{3\pi\mu d_p}$$

按此式计算的驱进速度仅是尘粒的平均驱进速度的近似值，因为电场中各点的场强并不相同，荷电量的计算值是近似的，此外，气流、粉尘特性等的影响也未考虑进去。

2.捕集效率

静电除尘器捕集效率与粉尘性质、场强、气流速度、气体性质及除尘器结构等因素有关，所以严格地从理论上推导捕集效率方程式是困难的，必须进行一定的假设。关于捕集效率方程式，有许多专家从理论上进行了研究，并推导出了计算式，下面我们介绍两个：

(1)多依奇(Deutsch)方程

于 1922 年提出，在推导过程中进行了一系列假设，主要有：

①电除尘器中的气流为紊流状态，通过除尘器任一横断面的粉尘浓度是均匀分布的；

②进入除尘器的粉尘立刻达到了饱和荷电；

③忽略电风、气流分布不均匀、二次扬尘等的影响。

在此介绍一下紊流状态：在工业生产中应用的电除尘器皆处于紊流区域内。在紊流状态下，较小尘粒运动主要取决于空气动力特性。它们的运动轨道无法准确预计，但在集尘极板附近的边界层中，由于摩擦使紊流减弱了，每一尘粒都有一垂直于集尘极板的速度分量 ω，其大小与气流速度 v 具有相同的数量集，因而在时间间隔 t 内，在离极板为 ωt 的气流层内的粉尘皆能沉降到长度为 L 的集尘极表面上。

推导过程如下：

设气体流向为 x，气体和粒子的流速皆为 v(m/s)，气体流量为 Q(m³/s)，粒子浓度为 c(g/m³)，流动方向上每单位长度的集尘板面积为 a(m²/m)，总集尘极板面积为 A_c(m²)，极板长度为 L(m)，流动方向上的横截面积为 A(m²)，粒子驱进速度为 ω(m/s)，则在 dt 时间内于 dx 空间捕集的粒子质量为：

$$dm=a(dx)\omega c(dt)=-F(dx)(dc)$$

由于 $v\mathrm{d}t=\mathrm{d}x$，代入上式得：

$$\frac{a\omega}{Fv}\mathrm{d}x=-\frac{\mathrm{d}c}{c}$$

将其从除尘器入口（浓度为 c_i）到出口（浓度为 c_0）进行积分，并考虑 $Fv=Q$，对上式积分，则得到理论捕集方程式：

$$\int_0^L\frac{a\omega}{Fv}\mathrm{d}x=-\int_{c_i}^{c_0}\frac{\mathrm{d}c}{c}$$

$$\frac{a\omega}{Fv}L=-\ln\frac{c_0}{c_i}$$

$$c_0=c_i\exp\left(-\frac{a\omega}{Fv}L\right)$$

因为 $Fv=Q$，$aL=A$，代入上式得：

$$c_0=c_i\exp\left(-\frac{A}{Q}\omega\right)$$

多依奇方程式：

$$\eta=\frac{c_i-c_0}{c_i}=1-\frac{c_0}{c_i}=1-\exp\left(-\frac{A}{Q}\omega\right)$$

线板式电除尘器：

$$\eta=1-\exp\left(-\frac{L}{sv}\omega\right)$$

式中，L——电场长度；

s——电晕线与集尘板距离；

v——气流速度。

对半径为 b 的圆管式电除尘器：

$$\eta=1-\exp\left(-\frac{2L}{bv}\omega\right)$$

多依奇方程式概括地描述了效率与集尘极板表面积、气体流量和粉尘驱进速度之间的关系，指明了提高电除尘器捕集效率的途径，因而被广泛应用在电除尘器的性能分析和设计中。

(2)安德逊方程

1919 年根据大量实验提出了紊流状况下的除尘效率的经验方程式：

$$\eta=1-\exp(-K_a t)$$

式中：t——粉尘在除尘器的停留时间；

K_a——经验系数，取决于具体除尘器内的运动情况。

3.有效驱进速度 ω_p

由于各种因素的影响，按理论多依奇方程式计算的效率比实际值大得多。实际中，根据在一定的除尘器结构型式和运行条件下测得的捕集效率，代入多依奇方程式中反算出的驱进速度值称为有效驱进速度 ω_p。据估计，理论驱进速度比实测有效驱进速度大 2～10 倍，所以常以有效驱进速度来描述除尘器的性能，并作为确定除尘器设计的基础。

(四)被捕集粉尘的清除

集尘极表面灰尘沉积到一定厚度，会导致火花电压降低，电晕电流减小；而电晕极上附有少量粉尘，也会影响电晕电流的大小和均匀性。为了防止粉尘重新进入气流，保持集尘极和电晕极表面的清洁，应及时清灰。电晕极清灰采用机械振动方式。

在干式电除尘器中，沉积在集尘极上的粉尘是由机械撞击或电极振动产生的振动力清除的。现代的电除尘器大多采用电磁振打或锤式振打清灰，两种常用的振打器是电磁型和挠臂锤型。

在湿式电除尘器中，用水冲洗集尘极板，使极板表面经常保持一层水膜，粉尘落在水膜上时，被捕集并顺水膜流下，从而达到清灰的目的。优点是已除去的粉尘不会重新进入气箱造成二次扬尘，会净化部分有害气体，如 SO_2、HF 等；缺点是极板腐蚀较为严重，含水污泥需要处理。

（五）除尘效率的影响因素

1.粉尘特性

粉尘特性包括粉尘粒径、分布、真密度、堆积密度、黏附性和比电阻，其中最主要的是粉尘的比电阻。粉尘的比电阻表现粉尘的导电性能，其表示方法和金属导线相同，也用电阻率来表示，单位为 Ω·cm。粉尘的比电阻包括容积比电阻和表面比电阻：容积比电阻为粉尘依靠其内部的电子或离子进行的颗粒本体的容积导电；表面比电阻为粉尘依靠其表面因吸附水分或其他化学物质而形成的化学膜进行表面导电。对于电阻率高的粉尘，在较高温度（>200 ℃）时，以容积导电为主；在较低温度（<100 ℃）时，表面导电占主导地位；在中间温度范围内，粉尘的比电阻是两种比电阻的合成，其值最高。

如图 4-12，在 A 段，比电阻小于 10^4 Ω·cm，导电性能好，随比电阻减小，除尘效率大大下降，而电流消耗大大地增加。在 B 段，比电阻在 10^4～10^{11} Ω·cm，除尘效率较高，电流消耗比较稳定。在 C、D 段，比电阻大于 10^{11} Ω·cm，比电阻增大，除尘效率急剧下降。

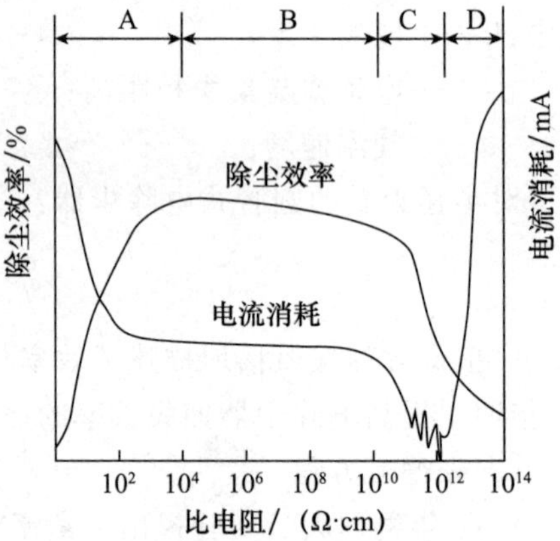

图 4-12　粉尘的比电阻与除尘效率和电流消耗的关系

粉尘的比电阻过高或过低均不利于电除尘，最适合于电除尘器捕集的粉尘，其比电阻的范围是 10^4～10^{11} Ω·cm。

克服高比电阻影响的方法：保持电极表面尽可能清洁，采用较好的供电系统，烟气调质（增加烟气湿度，或向烟气中加入 SO_3、NH_3 及 Na_2CO_3 等化合物，使粒子导电性增加，最常用的化学调质剂是 SO_3），改变烟气温度（向烟气中喷水，同时增加烟气湿度和降低温度），发展新型电除尘器。

2.烟气特性

（1）气体的温度和湿度

温度对粉尘比电阻的影响。在低温区，由于粉尘表面的吸附物和水蒸气的影响，粉尘的比电阻较小，随着温度的升高，作用减弱，粉尘的比电阻增加；在高温区，粉尘本身电阻起作用，随着温度升高，粉尘比电阻降低。

当温度低于露点时，气体湿度会严重影响除尘器除尘效率，主要会因捕集到的粉尘结块黏结在降尘极和电晕极上，难于振落，而使除尘效率下降。当温度高于露点时，随着温度的增加，不仅可以使击穿电压增高，而且可以使部分尘粒的比电阻降低，提高除尘效率。

（2）含尘浓度

荷电粉尘形成的空间电荷会对电晕极产生屏蔽作用，抑制电晕放电。随着含尘浓度的提高，电晕电流逐渐减少，出现电晕阻止效应。当含尘浓度增加到某一数值时，电晕电流基本为零，此时的电除尘器失去除尘能力。

为避免产生电晕闭塞，进入电除尘器气体的含尘浓度应小于 20 g/m³。当气体含尘浓度过高时，除了选用曲率大的芒刺形电晕电极外，还可在电除尘器前串接除尘效率较低的机械除尘器，进行多级除尘。

(3)除尘器断面气流速度

气流速度越低，粉尘荷电机会越多，除尘效率越高。当锅炉烟气的流速低于 0.5 m/s 时，除尘效率接近 100%。当烟气的流速高于 1.6 m/s 时，除尘效率只有 84%。随着气流速度增大，除尘效率大幅度下降。

理论上低流速有利于提高除尘效率，但气流速度过低，经济上不合算且管道易积灰。实际生产中，断面气流速度为 0.6～1.5 m/s。

(4)断面气流速度分布

断面气流速度分布均匀与否，对除尘效率有很大影响。

若断面气速分布不均匀，在流速较低的区域，就会存在局部气流停滞，造成集尘极局部集灰严重，使运行电压变低；在流速较高的区域，又会造成二次扬尘。

除尘器断面上的气流速度差异越大，除尘效率越低。

为解决除尘器内气流速度分布问题，采取在除尘器的入口或在出入口同时设置气流分布装置。为了避免在进、出口风道中积尘，应控制风道内气流速度在 15～20 m/s。

3.结构因素

结构因素主要包括电晕线的几何形状、直径、数量和线间距；收尘极的型式、极板断面形状、极间距、极板面积、电场数、电场长度；供电方式、振打方式(方向、强度、周期)、气流分布装置、外壳严密程度、灰斗类型和出灰口锁风装置等。

4.操作因素

操作因素主要包括伏安特性、漏风率、二次飞扬和电晕线肥大等。电除尘器运行过程中，电晕电流与电压之间的关系称为伏安特性，它是很多变量的函数，其中最主要的是电晕极和除尘极几何形状、烟气成分、温度、压力和粉尘性质等。电场的平均电压和平均电晕电流的乘积即电晕功率，它是投入电除尘器的有效功率，电晕功率越大，除尘效率也就越高。

5.清灰

在电除尘器工作过程中，随着集尘极和电晕极上堆积粉尘厚度的不断增加，运行电压会逐渐下降，除尘效率降低。通过清灰装置使粉尘剥落下来，以保持高除尘效率。

6.火花放电频率

为获得最高的除尘效率，通常用控制电晕极和集尘极之间火花频率的方法，做到既维持较高的运行电压，又避免火花放电转变为弧光放电。这时的火花频率被称为最佳火花频率，其值因粉尘的性质和浓度、气体的成分、温度和湿度的不同而不同，一般取 30～150 次/min。

二、静电除尘器的结构类型和主要部件

(一)静电除尘器的结构类型

静电除尘器按结构不同可做不同的分类，现从四个方面介绍：

(1)按集尘电极类型分为管式和板式电除尘器

管式：极线沿着垂直的管状集尘电极的中心线悬挂，适用于气体量较小的情况，一般采用

湿式清灰方式。图 4-13 为单管双区电除尘器。

板式：在互相平行的板式收尘电极的中间悬挂垂直的极线。板式可采用湿式清灰方式，但绝大多数采用干式清灰方式。

(2)按气流流动方式分为立式和卧式电除尘器

在工业废气除尘中，卧式板式电除尘器是应用最广泛的一种，我国 1972 年提出的系列化设计 SHWB 型就属此类。一般管式电除尘器为立式电除尘器，含尘气流自下而上流过。

(3)按粉尘荷电区和分离区的空间布置不同分为单区和双区电除尘器

单区：粉尘荷电和分离沉降都在同一空间区域内进行。

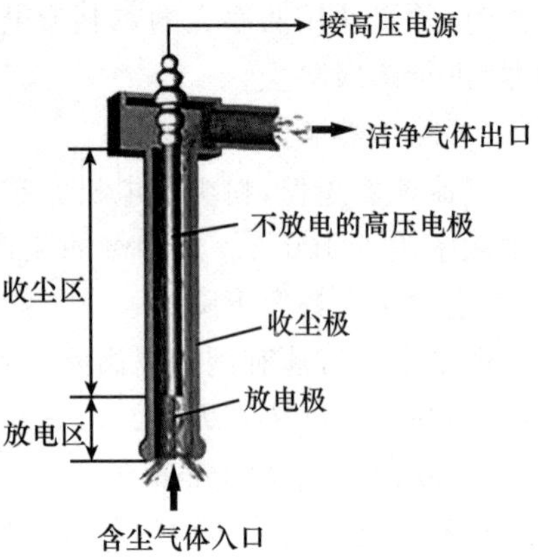

图 4-13 单管双区电除尘器

双区：先有一组电极使粉尘荷电，然后另一组电极供给静电力，使带电粒子沉降。典型的双区除尘器多用于空调方面。国外有将它应用于工业废气净化方面的。

(4)按沉积粉尘的清灰方式分为湿式和干式电除尘器

湿式电除尘器无二次扬尘，效率高，但清灰水需要处理，对设备有腐蚀。干式电除尘器有利于粉尘的回收，但容易产生二次扬尘。

图 4-14、图 4-15 分别为板式单区和板式双区电除尘器。

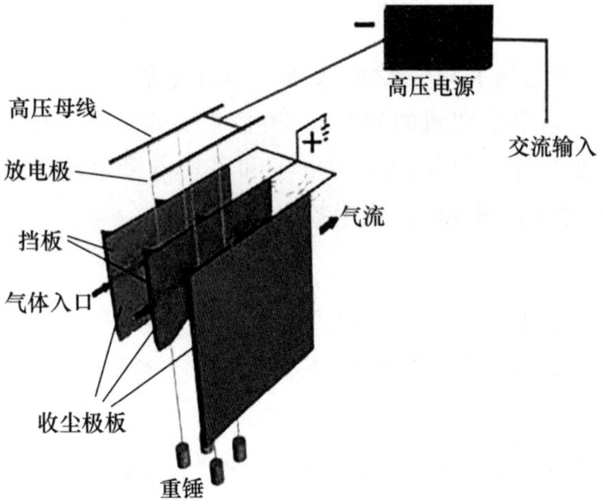

图 4-14 板式单区电除尘器

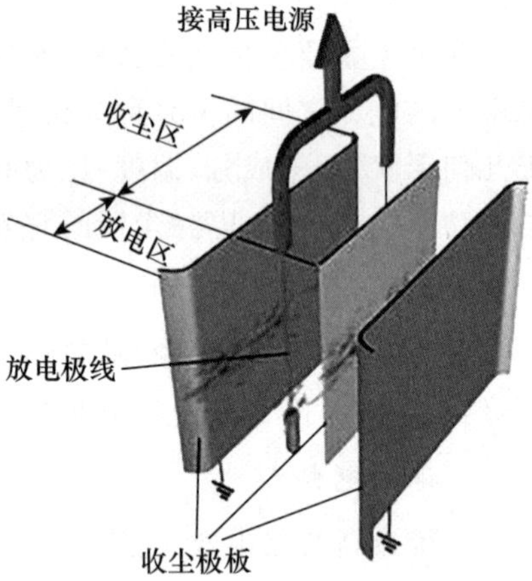

图 4-15 板式双区电除尘器

(二)静电除尘器主要部件

静电除尘器的结构由除尘器主体、供电装置和附属设备组成。除尘器主体包括电晕电极、集尘极、气流分布装置等。

1.电晕电极

电晕电极是产生电晕放电的电极，应具有良好的放电性能(起晕电压低、击穿电压高、电晕电流大等)，具有较高的机械强度和耐腐蚀性能。电晕电极有多种类型(图 4-16)。

圆形线电晕电机：最简单，直径小，起晕电压越低、放电强度越高，但机械强度较低，振打时容易损坏。工业上一般使用直径为 2～3 mm 的镍铬线作为电晕电极，上端自由悬吊，下端用重锤拉紧。也可以将圆形导线做成螺旋弹簧形，适当拉伸并固定在框架上，形成框架式结构。

星形线电晕电极：是用直径 4～6 mm 的普通钢材经冷拉而成的(有的扭成麻花状)。它利用四个尖角边放电，放电性能好，机械强度高，采用框架方式固定。该电极适用于含尘浓度较低的场合。

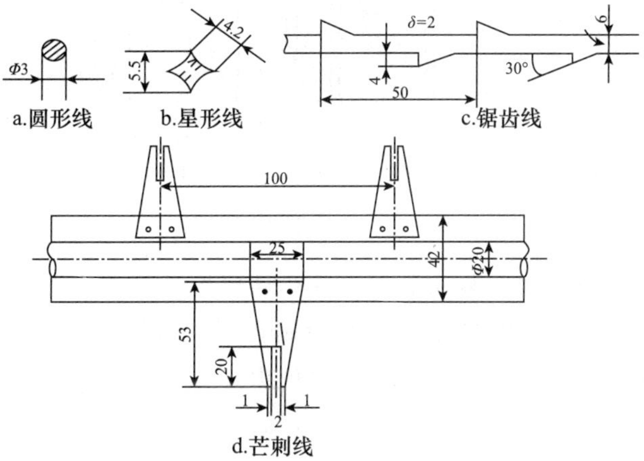

图 4-16　不同电晕电极(单位：mm)

芒刺线和锯齿线电晕电极：属于尖端放电，放电强度高。通常比星形线电晕电极产生的电晕电流大一倍，起晕电压比其他类型的低。此外，由于芒刺或锯齿尖端放电产生的电子流和离子流特别集中，在尖端伸出方向，增强了电风，这对减弱和防止烟气含尘浓度高时出现的电晕闭塞现象是有利的。因此芒刺线和锯齿线电晕电极适合于含尘浓度高的场合，如在多电场的电除尘器中用在第一电场和第二电场中。

相邻电晕电极之间的距离对放电强度影响较大。极距太大会减弱电场强度；极距过小也会因屏蔽作用降低放电强度。实验表明，最优间距为 200～300 mm。

2.集尘极

集尘极的结构类型直接影响除尘效率。性能良好的集尘极应满足下列条件：振打时粉尘的二次扬起少；单位集尘面积消耗金属量低；极板高度较大时，应有一定的刚性；不易变形，振打时易于清灰，造价低。

集尘极板的形状有平板形、Z 形、C 形、波浪形、曲折形(图 4-17)等。平板形极板防止二次扬尘和使极板保持足够刚度的性能较差。形板式极板(除平板形外的其他极板)将极板加工成槽沟的形状。气流通过紧贴极板表面形成涡流区，较主气流流速小，粉尘进入该区易沉积在集尘极表面。同时由于板面不直接受气流冲刷，粉尘重返气流的可能性以及清灰产生二次扬尘少，提高了除尘效率。

极板间距对电场性能和除尘效率影响较大。通常采用的 60～72 kV 变压器的极板间距一般取 200～350 mm。近年来，板式电除尘器一个引人注目的变化就是发展宽间距的电除尘器。在某些情况下，极板间距可比平常增加 50%～100%，然而除尘器性能并未改变，其原理还没有完全解释清楚。

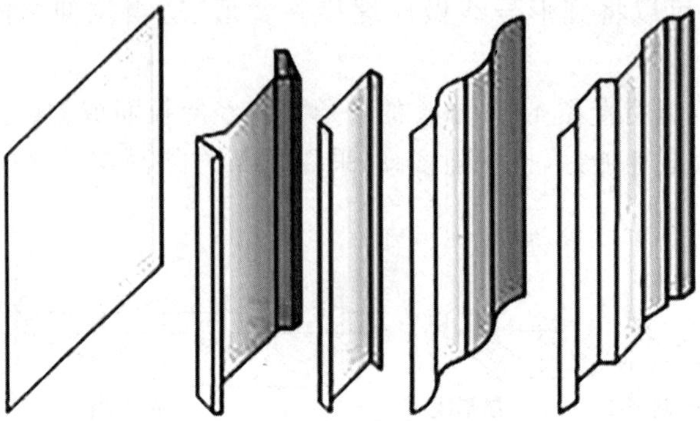

图 4-17　集尘极板的形状

集尘极和电晕极的制作和安装质量对电除尘器性能有很大影响。安装前极板、极线必须调直，安装时要严格控制极距，安装偏差要控制在±5%以内。极板的挠曲和极距的不均匀会导致工作电压降低和除尘效率下降。选择极板的宽度要与电晕线的间距相适应。例如，C 形和 Z 形极板，若每块对应一根电晕线，则极板宽度可取 180～220 mm。若极板宽为 380～480 mm，则对应两根电晕线。

3.气流分布装置

电除尘器内气流分布对除尘效率具有较大影响。为保证气流分布均匀，在进出口处应设变径管道，进口变径管内应设气流分布板。最常见的气流分布板有百叶窗式、多孔板分布格子、槽型钢分布板和栏杆型分布板等，而以孔板使用最为广泛。通常采用厚度为 3～3.5 mm 的钢板。孔径为 30～50 mm，分布板层数为 2～3 层。

电除尘器正式投入运行前，必须经过测试、调整，检查气流分布是否均匀。对气流分布的具体要求是：任何一点的流速不得超过该断面平均流速的 40%；在任何一个测定断面上，85%以上测点的流速与平均流速不得相差 25%。

4.除尘器外壳

外壳必须保证严密，减少漏风。漏风将使进入除尘器风量增加，风机负荷加大，电场内风速过高，除尘效率下降。处理高温湿烟气时，冷空气漏入会使烟气温度降至露点以下，除尘器内构件沾染灰尘和腐蚀。电除尘器漏风率应控制在 3%以下。

5.供电装置

电除尘系统：要求供电装置自动化程度高，适应能力强，运行可靠，能使用 20 年以上。电除尘器的供电装置：分为高压供电装置和低压供电装置。低压控制配电柜：分别向电除尘器、旋风除尘器、风机及输灰系统的高、低压电气设备供电，便于管理。

高压供电设备提供粒子荷电和捕集所需要的高场强和电晕电流，供电设备必须十分稳定，工作寿命在 20 年之上，通常高压供电设备的输出峰值电压为 70～1 000 kV，电流为 100～2 000 mA。增加供电机组的数目，减少每个机组供电的电晕线数，能改善电除尘器性能，但投资增加。因此必须考虑效率和投资两方面因素。

三、静电除尘器的选择和设计

(一)静电除尘器的选择

静电除尘器选择的技术问题基本上是使静电除尘器的设计与所需的除尘效率和规范相符合的问题。正确选择静电除尘器要求了解的烟尘和烟气的基本性质包括：烟尘和烟气的来源和生产过程；烟尘粒度大小的分布；烟尘浓度；烟尘成分和结构；现场实际的烟尘比电阻；总烟量；烟气的压力、温度和成分；烟气和烟尘的腐蚀性。

这些性质可用已知的技术和有效的装置进行调试。传统上对于这些性质大都根据其产生的来源和生产过程来假定。

1.收集资料

根据以上各节的讨论，可以归纳选择和设计除尘器时的主要参数。

(1)要求的除尘效率或除尘的进出口含尘浓度

$$\eta=\left(1-\frac{c_0}{c_i}\right)\times 100\%$$

(2)烟气和烟尘的性质及回收价值；

(3)设备材料的供应情况及价格。

2.确定有效驱进速度 ω_p

ω_p 是衡量静电除尘效率和根据现有设备的已知性能进行新除尘器设计的重要参数。在设计时实际应用的 ω_p 值，一般都是根据中间试验和现场测定结果得到的有效值，影响有效驱进速度的因素如下：

(1)粒径 d_p：在除尘效率一定时，粒径较大，则所需单位集尘极板面积(A/V)较小，有效驱进速度可取高点；反之可取低点。

(2)除尘效率：除尘效率降低则有效驱进速度增加；除尘效率增加则有效驱进速度降低。

(3)比电阻：比电阻降低则有效驱进速度增加；比电阻增加则有效驱进速度降低。测得允许的电晕电流密度值减小，尘粒的荷电量减小，荷电时间增长，故可取小的驱进速度。

(4)二次扬尘。

3.集尘极板面积

按多依奇方程式计算：$\eta=1-\exp\left(-\frac{A}{Q}\omega_p\right)$

注意：板式除尘的有效集尘面积是指点晕放电空间的收尘电极的净当量面积。

4.其他辅助设计内容

气流速度 v：指总的气体流量和通道截面积计算而得的平均气速。降低气速，效率可以提高，但低到一定程度，有效驱进速度却随之下降。因此，应在满足所需的效率下选取有效驱进速度高的风速，才是较经济的，一般取 0.4～4.5 m/s。此外，设计内容还有电晕功率、管式电除尘的管径、有效的高压分组电场数、电晕电极长度、电极的振打等。静电除尘器各参数符号及取值范围见表 4-3。

表 4-3　静电除尘器各参数符号及取值范围

参数		符号	取值范围
板间距		S	23～28 cm
驱进速度		ω	3～18 cm/s
比集尘极表面积		A/Q	300～2 400 m^2(1 000 m^3/min)
气流速度		v	1～2 m/s
长高比		L/H	0.5～1.5
比电晕功率		P_c/Q	1 800～18 000 W/(1 000 m^3/min)
电晕电流密度		I_c/A	0.05～1.0 A/m^2
平均气流速度	烟煤锅炉	v	1.1～1.6 m/s
	褐煤锅炉		1.8～2.6 m/s

(二)静电除尘器总体计算设计

静电除尘器有平板形和圆筒形。

1.平板形静电除尘器的设计

(1)集尘极面积

$$A=\frac{Q}{v_d}\ln\left(\frac{1}{1-\eta}\right)$$

式中,A——集尘极面积,m^2;

Q——处理气体流量,m^3/s;

η——集尘效率;

v_d——微粒有效驱进速度,m/s。

(2)电场断面面积

$$A_e=\frac{Q}{u}$$

式中,A_e——电场断面面积,m^2;

Q——处理气体流量,m^3/s;

u——除尘器断面气流速度,m/s。

(3)电场长度

$$L=\frac{A}{2nh}$$

式中,L——集尘极沿气流方向的长度,m;

A——集尘极面积,m^2;

n——集尘室的通道个数,个;

h——电场高度,m。

(4)长高比的确定

集尘板有效长度与高度之比,直接影响振打清灰时二次扬尘的多少。要求除尘效率大于

99%时,除尘器的长高比至少要1.0。

(5)集尘室的通道个数

每两块集尘极之间为一通道,集尘室的通道个数由下式确定:

$$n=\frac{Q}{bhu}$$

$$n=\frac{A_e}{bh}$$

式中,b——集尘极间距,m;

h——集尘极高度,m。

(6)处理停留时间

$$t=\frac{L}{V}$$

$$\frac{A_c}{Q}=\frac{2hLn}{2bhnV}=\frac{L}{bV}=\frac{t}{b}$$

于是平板形除尘器的效率公式为:$\eta=1-\exp\left(-\frac{L}{bV}\omega_p\right)$

(7)工作电压

据实际需要,工作电压U一般可按下式计算:

$$U=250b$$

(8)工作电流

可由集尘极的面积A与集尘极的电流密度I_d的乘积来计算。

$$I=A\times I_d$$

(9)气流速度的确定

通常由处理烟气量和静电除尘器过气断面积计算烟气的平均流速,平均流速高于某一临界速度时,作用在粒子上的空气动力学阻力会迅速增加,粉尘的重新进入量也迅速增加。

(10)气体的含尘浓度

如果气体含尘浓度很高,电场内尘粒的空间电荷很高,易发生电晕闭塞。应对措施:提高工作电压,采用放电强烈的芒刺型电晕极,静电除尘器前增设预净化设备等。

2.圆筒形静电除尘器的设计

设除尘器圆筒个数为n,圆筒半径为R,长度为L,则有:

(1)圆筒个数:$n=\frac{A_c}{2\pi RL}$。

(2)通道横截面积:$F=\pi R^2n$。

(3)处理气量:$Q=FV=\pi R^2nV$,或$V=\frac{Q}{\pi R^2n}$。

(4)处理时间:$t=\frac{L}{V}$,则$\frac{A_c}{Q}=\frac{2\pi RLn}{\pi R^2nV}=\frac{2L}{RV}=\frac{2t}{R}$。

效率:$\eta=1-\exp\left(-\frac{2L}{RV}\omega_p\right)$。

任务四　湿式除尘器选择与设计

湿式除尘器是使含尘气体与液体（一般为水）密切接触，利用水滴和尘粒的惯性碰撞及其他作用捕集尘粒或使粒径增大的装置，可以有效地除去直径为 0.1～20 μm 的液态或固态粒子，也能脱除气态污染物。它具有结构简单、造价低、占地面积小、操作及维修方便和净化效率高等优点，能够处理高温高湿的气流，将着火、爆炸的可能性降至最低。但采用湿式除尘器时要特别注意设备和管道腐蚀以及污水和污泥的处理等问题。如设备安装在室外，还需考虑在冬天设备可能需要解冻的问题。此外，要使去除微细颗粒物的效率也较高，则需使液相更好地分散，但能耗增大。

在工程上使用的湿式除尘器类型很多，大体分为低能、高能两类。低能湿式除尘器压力损失 0.2～1.5 kPa，包括喷雾塔洗涤器、旋风洗涤器等，一般耗水量（液气比）0.5～3.0 L/m^3，对 10 μm 以上尘粒，其除尘效率 η 可达 90%～95%，常用于焚烧炉、化肥制造、石灰窑的除尘。高能湿式除尘器压力损失为 2.5～9.0 kPa，净化效率可达 95%以上，如文丘里洗涤器。主要湿式除尘器装置的性能和操作范围见表 4-4。

表 4-4　主要湿式除尘器装置的性能和操作范围

装置名称	气体流速/(m/s)	液气比/(L/m^3)	压力损失/Pa	分割直径/μm
喷雾塔洗涤器	0.1～2	2～3	100～500	3.0
填料塔洗涤器	0.5～1	2～3	1 000～2 500	1.0
旋风洗涤器	15～45	0.5～1.5	1 200～1 500	1.0
转筒洗涤器	(300～750 r/min)	0.7～2	500～1 500	0.2
冲击式洗涤器	10～20	10～50	0～150	0.2
文丘里洗涤器	60～90	0.3～1.5	3 000～8 000	0.1

一、湿式除尘机理

湿式除尘机理涉及各种机理中的一种或几种，主要是惯性碰撞、扩散效应、黏附、扩散漂移和热漂移、凝聚作用等。

（一）惯性碰撞

惯性碰撞是湿式除尘的一个主要机理。现讨论尘粒、液滴和气流性质对碰撞的影响问题，为简化，考虑下述模型。

含尘气流在运动过程中同液滴相遇，在液滴前 x_d 处气流开始改变方向，绕过液滴运动，而惯性较大的尘粒有继续保持其原来直线运动的趋势。尘粒运动主要受两个力支配，即其本身的惯性力以及周围气体对它的阻力。定义颗粒物从脱离流线到惯性运动结束时所移动的直线距离为粒子的停止距离 x_s，若 x_s 大于颗粒物开始偏离流线那一点至液滴的距离 x_d，颗粒物和液滴就会发生碰撞。

定义 x_s 与液滴直径 d_L 的比值为惯性碰撞数 N_i，对 Stokes 粒子的除尘效率有：

$$N_i=\frac{x_s}{d_L}=\frac{d_p^2\rho_p(V_p-V_L)c}{18\mu d_L}$$

式中，V_p——在流动方向上粒子的速度，m/s；

V_L——液滴的速度，m/s；

c——肯尔汉校正系数，对于粒径小于 5 μm 的粒子必须考虑修正。

由上式可见，当尘粒直径和密度确定以后，碰撞参数 φ 与粒子和液滴之间的相对速度成正比，而与液滴直径成反比。所以对于给定的烟气系统，要提高 φ 值，必须提高气液相对运动速度和减小液滴直径。目前，工业上常用的各种湿式除尘器基本上是围绕这两个因素发展起来的。但液滴直径并非越小越好，直径过小，液滴容易随气流一起运动，减小了气液相对运动速度。因此对于给定颗粒，为获得最大除尘效率，应有一个最佳液滴直径。尘粒的惯性越大，即 N_i 越大，气体流线曲率半径越小，尘粒脱离流线而被液滴捕集的可能性越大。

(二)扩散效应、黏附、扩散漂移和热漂移

若气流中含有饱和蒸汽，当其与较冷液滴接触时，饱和蒸汽会在较冷的液滴表面上凝结，形成一个向液滴运动的附加气流，这就是所谓的热漂移和扩散漂移，这种气流促使较小尘粒向液滴移动，并沉积在液滴表面而被捕集。

(三)凝聚作用

排烟中常含有水蒸气、气态有机物等。随着温度的降低，这些凝结成分就会被吸附在粉尘表面，使尘粒彼此凝聚成较大的二次粒子，易于被液滴捕集。

(四)气液两相间的接触表面及捕尘体的型式

用液体来洗涤和捕集气体中微粒，大体要在四种气-液交界面上进行，即气泡表面、液体射流表面、液膜表面以及液滴表面。

1.气泡表面

含尘气流通过多孔板上的液体时，气体在孔眼处形成气泡，并逐渐变大，随后上升通过液层。筛板可分为三个区域：最下层是鼓泡区，主要为液体；中间层是运动的气泡区，主要是气体，液体是以气泡膜的形式存在；最上层是溅沫区，液体变成了不连续的溅沫。气流中的尘粒主要在气泡区被捕集。

2.液体射流表面

压力喷嘴形成的射流。喷出的射流经一定距离后破碎为直径分布范围很广的液滴群。气体和液体发生强烈混合，常见的除尘器是引射式文丘里洗涤器，由于尘粒和液滴相对速度较小，此装置的捕集效率不很高，但由于液体喷射的抽吸作用，气体不需引风设备。

3.液膜表面

液体依靠其流动性、润湿性在固体表面铺展开来，即形成液膜，如填料塔洗涤器，内装填料，在填料表面形成液膜。

4.液滴表面

靠机械力、惯性力以及摩擦力等使液体分散在大量气体中，从而形成液滴。

在湿式除尘器中，气体中的粉尘粒子是在气液两相接触过程中被捕集的。接触表面的形

式及大小，对除尘效率有着重大影响。气液接触表面的形式及大小取决于一项进入另一项的方法。含尘气体向液体中分散时，如在板式塔洗涤器中，将形成气体射流和气泡形状的气液接触表面，气泡和气体射流即捕尘体，粉尘粒子在气泡和气体射流捕尘体上沉降。当洗涤液体向含尘气体中分散时，如在重力喷雾洗涤器中，将形成液滴气液接触表面，气体中的粉尘粒子在液滴捕尘体表面上沉降。

有些湿式除尘器是以气泡、气体射流或液滴为两相接触表面的；但也有些湿式除尘器，如填料塔洗涤器和离心式洗涤器，气液两相接触表面为液膜，液膜是这类除尘器的主要捕尘体，粉尘粒子在液膜上得到沉降。

对许多类型的湿式除尘器来说，气体和洗涤液体的接触表面和捕尘体不只是一种类型，而是有多种，见表 4-5。

表 4-5　几种常见的湿式除尘器的接触表面及捕尘体的型式

除尘器的名称	气液两相接触表面类型	捕尘体类型
重力喷雾洗涤器	液滴表面	液滴
离心式洗涤器	液滴与液膜表面	液滴与液膜
贮水式冲击水浴除尘器	液滴与液膜表面	液滴与液膜
动力除尘器	液滴与液膜表面	液滴与液膜
文丘里洗涤器	液滴与液膜表面	液滴与液膜
填料塔洗涤器	液膜表面	液膜
板式塔洗涤器	气体射流与气泡表面	气体射流及气泡
活动填料(溜球)塔洗涤器	气体射流、气泡和液膜表面	气体射流、气泡和液膜

二、喷雾塔洗涤器

喷雾塔洗涤器也叫喷淋式除尘器(图 4-18)，是湿式除尘器中最简单的一种。其工作原理：含尘气流向上运动，液滴由喷嘴喷出向下运动，粉尘颗粒与液滴之间通过惯性碰撞、接触阻留、粉尘因加湿而凝聚等作用，较大的尘粒被液滴捕集。当气体流速较小时(含尘气流在塔内的速度为 0.6～1.2 m/s)，夹带了颗粒的液滴因重力作用而沉于塔底，净化后的气体通过脱水器去除夹带的细小液滴由顶部排出。当空塔速度过高时，应在塔的上部装一层防雾挡水板。塔内的雾化喷雾器安装的位置应保证雾化液滴与粉尘粒子接触的概率最大、捕集效率最高。喷雾器多分别装在几排上，甚至可达 16 排，有时也装在洗涤除尘器的轴心处。

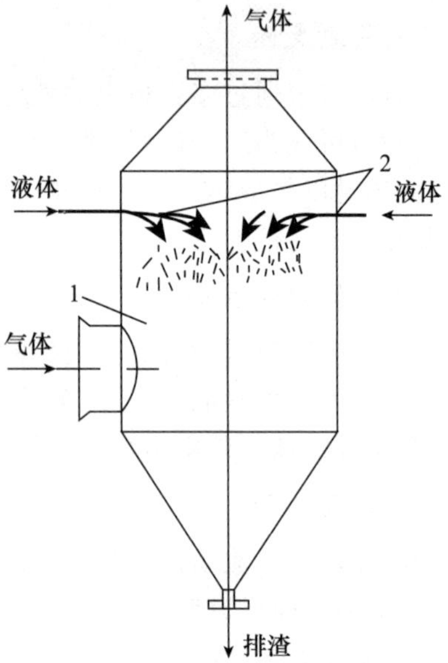

图 4-18　喷雾塔洗涤器示意

1—外壳；2—喷雾器

喷雾塔洗涤器的压力损失一般为 250～500 Pa，如不计洗涤器中挡水板及气流分布板的压力损失，则其压力损失大约为 250 Pa，因而这种除尘器耗能低。这种洗涤除尘器可净化含尘浓度较高的气体，净化粒径大于 10 μm 的粉尘粒子的效率达 74%以上，而净化粒径小于 5 μm 的粉尘粒子的效率很低。耗用洗涤水量用水汽比这个指标来衡量。当水压为$(1.4\sim7.3)\times10^5$ Pa 时，水汽比通常为0.4～2.7 L/m^3。耗水量多少取决于净化气体中的原始含尘浓度及净化后要求的净化深度。

喷雾塔洗涤器根据内截面的形状，可分为圆形和方形两种；按其内的气液流动方向，分为顺流、逆流和错流三种类型。喷雾塔洗涤器的主要特点是结构简单、压力损失小，操作方便，运行稳定。喷雾塔洗涤器适用于捕集粒径较大的颗粒，当气体需要除尘、降温或除尘兼去除其他有害气体时，往往与高效除尘器（如文丘里洗涤器）串联使用。

三、旋风洗涤器

旋风洗涤器又叫湿式离心力除尘器。在干式旋风除尘器内部设置各种类型的喷嘴，喷出水雾或在器壁上形成液膜便构成了各种湿式旋风洗涤器。其主要除尘机理是离心分离、惯性碰撞、截留等。

旋风洗涤器大体可分为两类。一类是借助离心力加强液滴捕尘体与粉尘粒子的碰撞作用，达到高效捕尘的目的。属于这一类的旋风洗涤器有中心喷水切向进气旋风除尘器、用导向机构使气流旋转的除尘器以及周边喷水旋风除尘器等。另一类是使含尘气体中的粉尘粒子，借助气流做旋转运动所产生的离心力，冲击于被水湿润的壁面上而被捕获的离心除尘器。属于这一类的湿式除尘器有立式旋风水膜除尘器及卧式旋风水膜除尘器。下面重点介绍几种应用比较广泛的旋风洗涤器的结构、性能和特点。

（一）中心喷水切向进气旋风除尘器

图 4-19 所示为中心喷水切向进气旋风除尘器。这种结构的除尘器可以很好地实现借助离心力加强液滴与粉尘粒子的惯性碰撞捕尘作用。据计算，当气体在半径为 0.3m 处以 17m/s 的切线速度旋转时，粉尘粒子受到的离心力远比其受到的重力大（100 倍以上）。

中心喷水切向进气旋风除尘器的入口风速通常为 15～45 m/s，最高进气速度可达 60 m/s。除尘器断面气速为 1.2～2.4 m/s。这种除尘器气体压力降为 500～1 500 Pa，用于净化气体的耗水量为 0.4～1.3 L/m^3。为防止雾滴被气体带出，在中心喷雾器的顶部装有挡水圆盘，在除尘器的顶部装有整流叶片以降低除尘器的压力损失。

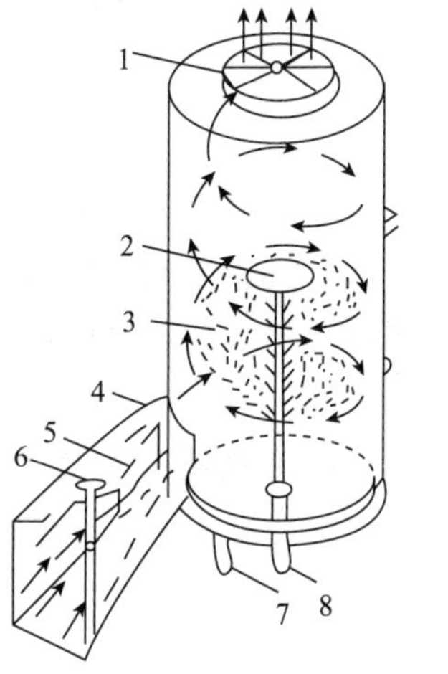

图 4-19 中心喷水切向进气旋风除尘器

1—整流叶片；2—圆盘；3—喷水；4—气流入口管；5—导流管；6—调节阀；7—污泥出口；8—水入口

（二）立式旋风水膜除尘器

立式旋风水膜除尘器是应用比较广泛的一种湿式除尘器，国内所用的型号为 CLS 型，见图 4-20。该类型设备的喷嘴设在筒体的上部，由切向将水雾喷向器壁，在筒体内壁表面始终保持一层连续不断地均匀往下流动的水膜。含尘气体由筒体下部切向进入除尘器并以旋转气流上升，气流中的粉尘粒子被离心力甩向器壁，并为下降流动的水膜捕尘体所捕获。粉尘粒子随沉渣水由除尘器底部排渣口排出，净化后的气体由筒体上部排出。

这种除尘器的入口最大允许浓度为 2g/m³，处理大于此浓度的含尘气体时，应在其前设一预除尘器，以降低进气含尘浓度。

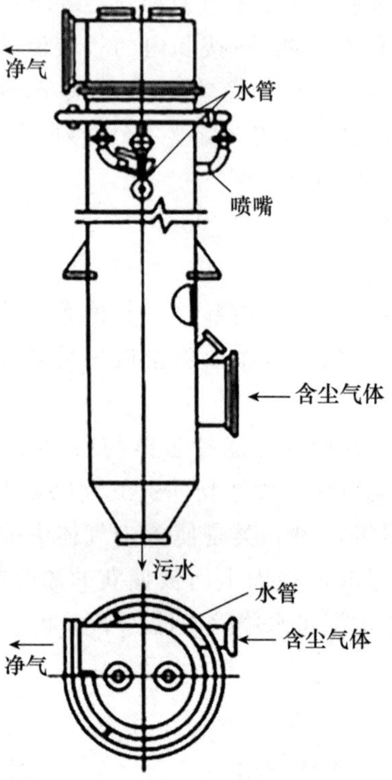

图 4-20　立式旋风水膜除尘器

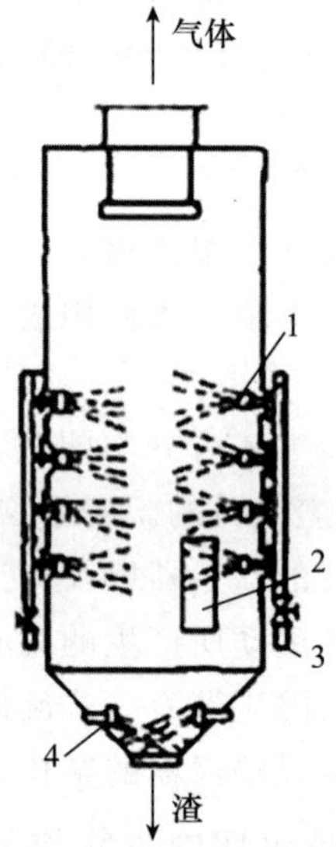

图 4-21　侧壁喷雾湿式除尘器

1—喷雾器；2—气体导入装置；3—集水管；4—润湿积尘器壁面的喷雾器

(三)侧壁喷雾湿式除尘器

图 4-21 是沿筒壁侧面装有多排喷雾器的湿式除尘器。这种除尘器的供水量为 0.7 L/m³，供水压力为 0.7～3 MPa，约有 40%雾化液滴落到除尘器气流引入区域，除尘器的压力降为 300～600 Pa。

(四)卧式旋风水膜除尘器

卧式旋风水膜除尘器的构造及工作原理如图 4-22 所示。内筒和外筒之间装螺旋导流叶片。螺旋导流叶片使内外筒的间隙呈一螺旋通道。含尘烟气由进口切向进入，经螺旋导流叶片的导流，在通道内做旋转运动。当烟气气流冲击到水箱内的水表面时，有部分较大粒径的粉尘粒子与水接触而沉降。与此同时，具有一定流速的烟气气流冲击水面以后，夹带部分水滴继续沿通道做旋转运动，致使外筒内壁和内筒外壁形成一层 3～5 mm 的水膜，随气流做旋转运动的粉尘粒子受离心力的作用，转向外筒内壁的水膜上面被捕获。由于气流沿螺旋导流叶片旋转数圈，烟气中的大部分粉尘粒子均可被除掉。由上述分析可知，在卧式旋风水膜除尘器中，既有贮水式冲击水浴除尘器的捕尘作用，又有离心水膜除尘器的捕尘作用，综合运用了几种捕尘机理，因而具有较高的除尘效率。

卧式旋风水膜除尘器的除尘效率与其结构尺寸有关，特别是与螺旋导流叶片的螺距、螺旋直径有关。导流叶片的螺旋直径和螺距越小,除尘效率越高,但其阻力损失也越大。实际运行表明,这种卧式旋风水膜除尘器的除尘效率可达 85%～92 %。

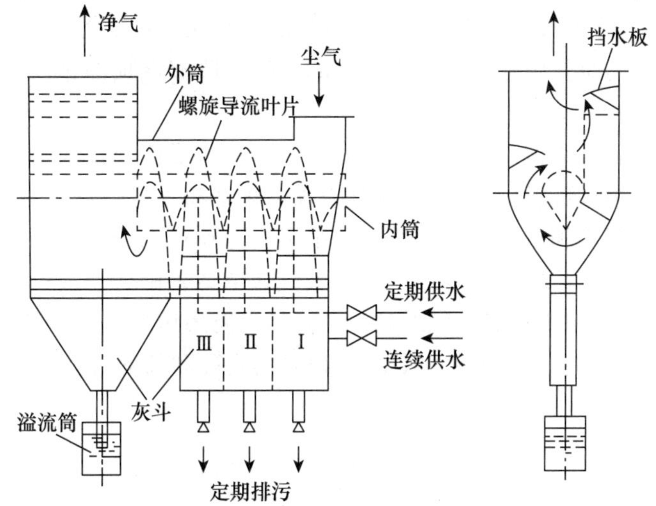

图 4-22 卧式旋风水膜除尘器

在这种湿式除尘器中,形成水膜的质量对除尘效率也有很大影响。水膜的质量主要取决于在螺旋通道内的烟气流速和水槽中的水位,在某一水位时,对应于一个最佳的烟气流速。烟气流速过低,形成的水膜可能太薄或不能形成水膜;烟气流速太高,形成的水膜太厚,致使出口烟气带水现象加剧。因此,水膜形成的质量可以通过调整烟气流速或筒体内贮水水位来决定。当提高水位时,应适当增加烟气流速。根据国内使用经验表明,水位高度(指筒底水位之高)在 80～150 mm,螺旋通道内断面烟气流速以 8～18m/s 为宜。这种除尘器的压力损失为 300～1 000 Pa。

四、文丘里洗涤器

文丘里洗涤器(图 4-23)是一种高除尘效率的湿式除尘器。它既可用于高温烟气降温,也可净化含有微米和亚微米粉尘粒子及易于被洗涤液体吸收的有毒有害气体。

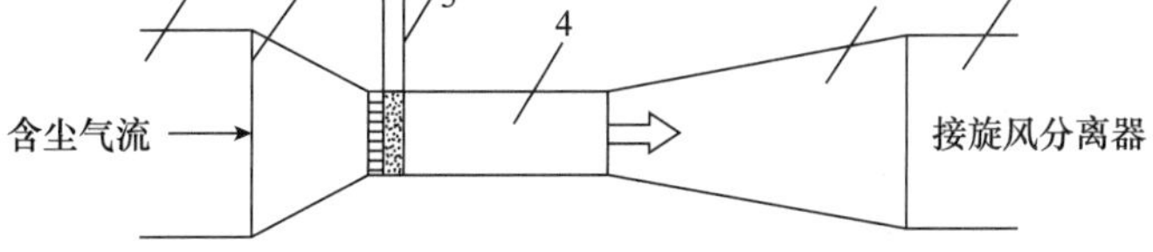

图 4-23 文丘里洗涤器

1—进气管;2—收缩管;3—喷嘴;4—喉管;5—扩散管;6—连接管

文丘里洗涤器又称文丘里管除尘器,由文丘里管凝聚器和除雾器组成。文丘里管包括收缩管、喉管和扩散管。文丘里洗涤器的除尘包括三个过程。含尘气流由收缩管进入喉管流速急剧增大,洗涤液(一般为水)通过沿喉管周边均匀分布的喷嘴喷入,液滴被高速气流冲击进一步雾化成更细小的水滴,此过程称为雾化过程。在喉管中气液两相得到充分混合,粉尘粒子与水滴碰撞沉降效率很高。进入扩张管后,气流降低,静压逐渐增大,水滴与粉尘颗粒凝聚成较大的含尘水滴,这一过程称为凝聚过程。气体随后进入除雾器实现了气液分离,达到除尘目的,这一过程称为分离除尘过程。雾化过程和凝聚过程是在文丘里管内进行的;分离除尘过程是在除雾器或其他分离装置中完成的。净化后的气体从除雾器顶部排出,含尘废水由除雾器锥形底部排至沉淀池。

文丘里管构造有多种类型。按断面形状分为圆形和方形两种;按喉管直径的可调节性分为可调的和固定的两类;按液体雾化方式可分为预雾化型和非雾化型;按供水方式可分为径向内喷、径向外喷、轴向喷水和溢流供水四类。适用于去除粒径 0.1～100 μm 的尘粒,除尘效率为 80%～99%,压力损失范围为 1.0～9.0 kPa,液气比取值范围为 0.3～1.5 L/m³。对高温气体的降温效果良好,广泛用于高温烟气的除尘、降温,也能用作气体吸收器。

文丘里洗涤器的尺寸包括收缩管、喉管、扩散管的直径和长度,扩张角。

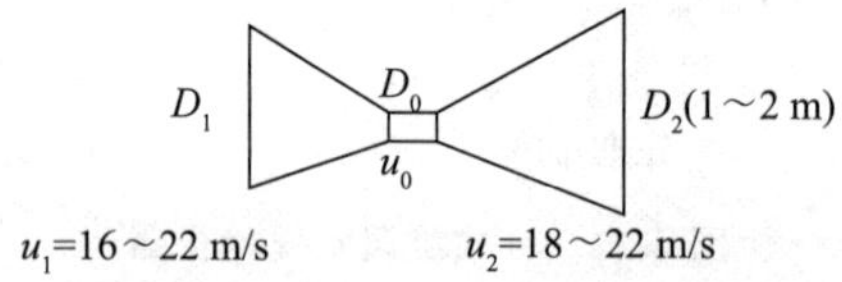

1.收缩管

$$进气端截面积\ F_1 = \frac{Q_t}{3\ 600\ u_1}$$

式中,Q_t——进气流量,m³/h;

u_1——入口气速,16～22 m/s;

圆形时:$D_1 = 1.128\sqrt{F_1}$

矩形时:长:$a_1 = \sqrt{(1.5 \sim 2.0)F_1}$　(1.5～2.0 是高宽比经验数据)

宽:$b_1 = \sqrt{\dfrac{F_1}{1.5 \sim 2.0}}$

收缩角 α_1 减小,则 Δp 降低。$\alpha_1 = 23° \sim 30°$。气体降温时,$\alpha_1 = 23° \sim 25°$;气体除尘时,$\alpha_1 = 25° \sim 28°$。

收缩管长度:

圆形时:$L_1 = \dfrac{D_1 - D_0}{2}\text{ctg}\,\dfrac{\alpha_1}{2}$($D_1$、$D_0$ 分别为收缩管进气口、喉管直径)

矩形时:$L_{1a} = \dfrac{h_1 - h_0}{2}\text{ctg}\,\dfrac{\alpha_1}{2}$($h_1$、$h_0$ 分别为收缩管进气端、喉管高度)

$L_{1b} = \dfrac{b_1 - b_0}{2}\text{ctg}\,\dfrac{\alpha_1}{2}$($b_1$、$b_0$ 分别为收缩管进气端、喉管宽度)

文丘里管的收缩管的长度取两式中的最大值。

2.喉管

喉管截面积:$F_0 = \dfrac{Q_t}{3\ 600u_0}$

式中，F_0——喉管截面积，m^2；

u_0——通过喉管的气流速度，m/s。

喉管为圆形时：

其半径 $D_0=\sqrt{\frac{F_0}{\pi}}$

喉管为矩形时：

其高宽比 $\frac{h_0}{b_0}=1.2\sim2.0$。其中，$h_0$ 为喉管高度、b_0 为喉管宽度，一般 b_0 不大于 600 mm，高不受限制。

喉管长度 $l_0=(0.15\sim0.30)d_0$，d_0 为当量直径，$d_0=\frac{4F_0}{q}$，一般 $l_0=200\sim350$ mm，不超过 500 mm。

3.扩张管

出气口面积：$F_0=\frac{Q_t}{3\ 600u_2}$ （u_2 为 18～22 m/s）

扩张管长度：$L_2=\frac{D_2-D_0}{2}\text{ctg}\frac{\alpha_2}{2}$ （D_2 为出口管直径）

4.文丘里压降

$$\Delta p=-1.03\times10^{-3}u_0\cdot\frac{Q_1}{Q_g}\quad(\frac{Q_1}{Q_g}\text{ 为气液比})$$

练习题

一、选择题

1.下列哪种粉尘适合采用湿式除尘器（　　）。

A.电厂烟尘　B.水泥　C.面粉　D.熟石灰

2.两个除尘效率分别为 80％和 90％的除尘器串联使用，则总除尘效率为（　　）。

A.72％　B.98％　C.85％　D.95％

3.电除尘器的主要特点是（　　）。

A.适用于各种粉尘，且均具有很高的除尘效率　B.压力损失小

C.适合高温烟气净化　D.处理烟气量大

4.下列关于袋式除尘器除尘效率的影响因素说法错误的是（　　）。

A.滤袋越新，除尘效率越高

B.清灰越干净，除尘效率越高

C.提高过滤风速可以提高除尘效率

D.降低过滤风速可以提高除尘效率

5.提高重力沉降室的除尘效率，下列哪些途径是正确的？（　　）

A.降低沉降室高度

B.降低沉降室内的气体流速

C.增加沉降室高度

D.增加沉降室长度

6.对于高温、高湿烟气的烟尘治理工艺，在选择设备时拟采用(　　)为宜。

A.旋风除尘器　　B.袋式除尘器

C.静电除尘器　　D.湿式除尘器

7.电除尘装置发生电晕闭塞现象的主要原因是(　　)。

A.烟尘的电阻率小于 $10^4\ \Omega\cdot cm$　　B.烟尘的电阻率大于 $10^{11}\ \Omega\cdot cm$

C.烟气中粉尘浓度太高　　D.烟气温度太高。

二、简答题

1.简述除尘器的分类及特点。

2.简述袋式除尘器的除尘机理。

3.简述电除尘器的除尘过程。

4.什么是文丘里洗涤器？简述文丘里洗涤器的除尘过程及结构。

5.简述旋风除尘器的结构及工作过程。

三、计算题

根据对某旋风除尘器的现场测试得到：除尘器进口的气体流量为 10 000 m^3/h，含尘浓度为 4.2 g/m^3。除尘器出口的气体流量为 12 000 m^3/h，含尘浓度为 340 mg/m^3。试计算该除尘器的处理气体流量、漏风率和除尘效率。

项目五　硫氧化物的污染控制技术

项目内容及要求：

大气中 SO_2 的人为来源包括化石燃料燃烧和含硫物质的工业生产过程，其排放量约占大气中 SO_2 总量的 2/3。SO_2 排放量较大的工业部门有火电厂、钢铁、有色冶炼、化工、炼油、水泥等。其中，煤炭在我国能源结构中仍占有 67% 的份额，燃煤排放的 SO_2 占总排放量的 80% 以上，是治理 SO_2 污染的重点。

通过燃料燃烧和工业生产过程所排放的 SO_2 废气，有的浓度较高，如有色冶炼厂的排气，称为高浓度 SO_2 废气；大部分含硫废气（90% 来源于燃烧）浓度较低，如火电厂的锅炉烟气，SO_2 浓度为 0.1%～0.5%，属低浓度 SO_2 废气。对于高浓度 SO_2 废气，目前采用接触氧化法制取硫酸，技术成熟且有很好的经济效益。对于烟气量较大、浓度较低的 SO_2 废气，工业回收不经济，必须采取必要的脱硫措施。

知识目标：

1.了解燃烧前与燃烧中脱硫技术；

2.理解主要干湿法脱硫工艺、机理及主要工艺参数控制；

3.掌握燃煤工业锅炉脱硫工艺和脱硫设备。

能力目标：

1.能熟练分析处理对象，确定主要特性；

2.能设计燃烧前与燃烧中脱硫方案；

3.能完成燃煤工业锅炉脱硫工艺和脱硫设备的初步设计，并编写治理方案。

任务一　燃烧前脱硫

一、原煤脱硫

原煤脱硫技术可分为物理法、化学法和微生物法。具体包括下列几种。

(1)煤的洗选。洗选的目的是减少原煤中所含的硫分、灰分等杂质。目前我国广泛采用物理选煤方法,主要利用清洁煤、灰分、黄铁矿的密度、磁性、电性等不同,以除去部分灰分和无机硫。例如,利用 FeS_2 的密度($\rho=5$)与煤的密度($\rho=1.25$)的差别进行水洗分离。该方法简单经济,但脱硫效率低。化学法是利用某些化学药品与煤中的硫反应后将硫脱除,能同时脱除无机硫和有机硫,一般用于高硫煤。例如,用碱溶液将煤浸泡后,通过微波照射,使硫化合物的化学键被打断,生成 H_2S 与碱反应而被去除,可去除 90%的无机硫和 70%的有机硫。我国的原煤入选率与世界主要产煤国家仍有一定差距。

(2)煤的气化。煤的气化是指用水蒸气、氧气或空气作气化剂将煤进行热分解,转化为 H_2、CO、CH_4 等小分子的可燃气体。硫在煤气中主要以 H_2S 形式存在,可在吸收塔中与 Na_2CO_3 或 $Fe(OH)_2$ 等溶液反应脱除。由于除去了煤中的灰分与硫化物,煤气是一种清洁燃料,是清洁燃煤技术的发展方向之一。

(3)煤的液化。煤可用各种方法加氢制取液化油。制取过程中有机硫在加氢时转变为 H_2S,H_2S 在去除酸性气体的环节中脱除。煤的液化可直接催化加氢或溶剂萃取,也可间接变换,即先将煤气化,再将 CO 和 H_2 制成合成气,最终合成液体碳氢化合物。但煤的液化成本较高,使其应用受到限制,发展缓慢。

(4)水煤浆。水煤浆是把煤研磨成细微煤粉,按煤水合理的比例,加入分散剂和稳定剂配制而成的,可以像燃料油一样运输、贮存和燃烧。由于水煤浆在制备过程中进行了煤的浮选净化处理,处理后可去除原煤中灰分的 50%～70%,黄铁矿的 40%～90%,也是一种比较清洁的燃料。

二、燃油脱硫

原油通过常压蒸馏,分离出直馏汽油、汽油、煤油、柴油后,在塔底得到重油,重油再经减压蒸馏分油得到渣油。原油中的大部分(80%～90%)硫分以苯环状的有机硫化物残留在重油或渣油中,对其采用加氢脱硫。脱硫方法是以钼、钴、镍等金属的氧化物作为催化剂,通过高压加氢反应,切断 C—S—C 化学键,以氢置换碳,反应生成 H_2S 和烃,再从中吸收分离。

加氢脱硫有直接脱硫和间接脱硫两种工艺。直接脱硫是对重油加氢脱硫,脱硫效率可达 75%,但需选用抗毒性较强的催化剂,因为重油中含有高分子化合物沥青及有机金属化合物钒或镍,它们在反应中会促使催化剂积炭,或有金属析出于催化剂上,使得催化剂活性降低;间接脱硫是对渣油进行加氢脱硫,脱硫率约为 40%。石油脱硫已有实用的工艺,不存在技术上的困难问题。

任务二　燃烧中脱硫

以石灰石($CaCO_3$)或白云石($CaCO_3 \cdot MgCO_3$)粉作脱硫剂,它们在燃烧过程中受热分解生成 CaO、MgO,与烟气中 SO_2 结合生成硫酸盐被排除。$CaCO_3$ 在氧化性气氛中的基本脱硫反应为:

$$CaCO_3 \rightarrow CaO + CO_2 \uparrow$$

$$CaO + SO_2 + 1/2\ O_2 \rightarrow CaSO_4$$

燃烧过程脱硫包括型煤固硫、流化燃烧脱硫、炉内喷钙等技术。

一、型煤固硫

用石灰、沥青、电石渣、造纸黑液等作固结剂，再掺入一定的黏结剂，将粉煤拼压成型即型煤。型煤用于有炉排的炉子，如中、小型火床燃烧工业锅炉和民用炉灶。型煤燃烧时，可固硫50%～70%，减少烟尘60%，但脱硫剂利用率较低，一般为50%。

在燃烧过程中，黄铁矿和有机硫被氧化为SO_2，与石灰反应生成硫酸盐，则硫被固定于灰渣之中，因此同时起到脱硫、减少细煤灰飞扬及提高锅炉效率的作用。温度和反应时间是型煤固硫的主要影响因素，此时希望燃烧过程中SO_2与CaO尽可能有较长的接触时间，以保证气固反应，但由于生成的SO_2很快逸入燃烧室空间，与CaO接触时间过短，固硫率较低。

二、流化燃烧脱硫

流化燃烧脱硫是把粒径3 mm左右的煤屑、煤粒和脱硫剂（<1 mm的石灰石粉）送入燃烧室，从炉底鼓风使床层处于流化状态进行燃烧和脱硫反应。燃烧时保持床层800～900 ℃的温度，此温度是上述反应式的最佳反应温度，因为750 ℃以下，$CaCO_3$的分解困难；1 000 ℃以上，生成的$CaSO_4$又将分解。在燃烧过程中$CaCO_3$分解成CaO，在氧化性气氛下与烟气中的SO_2及O_2反应生成$CaSO_4$。

在反应过程中，由于$CaCO_3$转变为CaO时使原$CaCO_3$内的自然孔隙扩大了许多，这有利于$CaSO_4$的生成。但是，生成的$CaSO_4$分子体积是CaO的3倍，因此在反应一开始，就会在CaO的表面生成一层厚度约为32 μm的致密$CaSO_4$薄层，阻碍了SO_2通过该薄层向CaO颗粒内部的扩散并进行反应。可见，石灰石粉越细，其利用率越高。但是，脱硫反应比燃烧反应慢，其中一些细料可能尚未进行脱硫反应就被气流带走。循环流化床（CFB）锅炉采用的飞灰复燃和缺氧燃烧技术，同时提高了钙的利用率和脱硫效率。飞灰复燃是将带走的细料重新送入燃烧室进行再循环使用，相当于增加了脱硫剂在炉膛的停留反应时间；缺氧燃烧形成强还原性气氛，使硫化合物生成H_2S，与CaO反应生成CaS，再氧化成$CaSO_4$。由于CaS分子体积小，解决了微孔堵塞问题。CFB锅炉脱硫率较高，通常Ca/S=1.5～2.5，脱硫率为80%～90%。

脱硫效率和脱硫剂的利用率取决于许多因素，如脱硫剂的颗粒度和反应性、燃烧温度、流化速度及反应物浓度等，这些因素之间又相互影响，十分复杂。为了确定达到一定的脱硫效率所需要消耗的脱硫剂量，常用钙和硫的摩尔比值Ca/S作为一个综合指标，来衡量脱硫时钙的有效利用率。研究表明，Ca/S越高，钙的有效利用率则越低；其他条件一定时，床温在800～900 ℃脱硫率最高；当流化速度一定时，脱硫率随Ca/S的增加而提高；当Ca/S一定时，脱硫率随流化速度降低而增大。

CFB锅炉具有许多优越性，能同时脱硫、脱硝，灰渣中含有CaO和$CaSO_2$，是硅酸盐水泥的优质混合材料。此外，CFB的燃料适应性广、燃烧效率高、负荷调节性好，因此，CFB是目前发展很快、生命力很强的清洁煤燃烧技术。其缺点是，因Ca/S较高，运行费用和固体排渣量大，运行电耗高，固体颗粒对锅炉部件磨损严重等。

三、炉内喷钙

这种方法是把干细粉或者浆液状的钙基或钠基脱硫剂喷入炉膛、炉膛出口或尾部烟道等不同位置，由此得到不同的脱硫效率。一般将干石灰石粉喷入炉膛，当 Ca/S≥2 时，脱硫率为 20%～50%。由于炉膛喷钙的脱硫率和石灰石利用率低，固体废物量大，一般不用于新建锅炉。但其优点是不需要对锅炉做较大的变动，适用于原有火电厂煤粉炉的改造。为了提高脱硫率，可将炉膛燃烧脱硫与烟气脱硫联合使用，如采用烟道内干喷碳酸氢钠、天然碱等技术，或将飞灰加石灰处理成含水 60%的硅酸钙，喷入烟温为 100～200 ℃的烟道等，均可有效提高脱硫率。

任务三　燃烧后脱硫

一、吸收净化法

吸收净化法是利用气态污染物对某种液体的可溶性，将气态污染物（溶质）溶入液相（吸收剂或溶剂），又称湿式净化。吸收分为物理吸收和化学吸收，前者是简单的物理溶解过程，后者在吸收过程中气体组分与吸收剂还发生化学反应。由于工业废气往往是气量大、气态污染物含量低、净化要求高，物理吸收难以满足要求，化学吸收常常成为首选的方案。

（一）气体的溶解与平衡

在一定的温度与压力下，混合气体与吸收剂接触时，混合气体中的 A 组分向液相迁移而被吸收，同时，液相中的 A 组分也会从液体逸出而被解吸，当气液之间的吸收与解吸速度相等时，达到动态平衡状态。此时吸收剂所能溶解的气体量称为平衡溶解度，它是吸收过程的极限。对于非理想溶液，吸收溶液中被吸收组分 A 浓度较低的情况，平衡状态时气相 A 组分的分压（平衡或饱和分压）与液相中 A 组分的浓度（平衡或饱和浓度）之间的关系可用亨利定律来描述，即：

$$p_A^* = E_A x_A$$

式中，p_A^*——组分 A 在气相中的平衡分压，MPa；

E_A——亨利系数，MPa；

x_A——组分 A 在液相中的摩尔分数。

难溶解气体的 E_A 值较大，而易溶解气体的 E_A 值较小。亨利系数基本不受压力的影响，但随温度的提高而增加，变化较大。亨利定律也可表示为：

$$c_A = H_A p_A^*$$

式中，c_A——组分 A 在液相中的溶解度，kmol/m^3；

H_A——溶解度系数，kmol/(MPa·m^3)。

难溶气体的 H_A 值较小，易溶气体的 H_A 值大。亨利定律是吸收工艺计算的重要依据，它说明了在一定温度和压力下溶质在两相平衡中的关系，指出传质方向和限度。其适用范围为：①常压或低压（<0.5 MPa）下的稀溶液；②溶质在气相和溶液中的分子状态相同，即液相的溶质均以分子状态存在，没有离解成离子形态或与其他物质发生化学反应。若发生了离解或者化学反应，要对亨利定律进行修正。

(二)气液传质的基本原理

1.双膜理论

吸收过程的实质是物质由气相转入液相的传质过程。气液间的传质理论主要有双膜理论(又称滞留膜理论)、表面更新理论和溶质渗透理论等,目前仍以双膜理论为基础来解释吸收过程机理。

双膜理论是惠特曼(Whitman) 在 1923 年提出的一个描述气液两相的物质传递理论,其模型如图 5-1 所示。它假定:①在气、液两相接触处有一随时保持平衡状态的相界面;②在气液相界面附近,分别存在一个无对流、作用非常稳定的层流(滞流)薄膜,即气膜和液膜,薄膜内存在浓度梯度,物质传递主要依靠分子扩散;③薄膜外气液两相各自的主体为湍流,不存在浓度梯度,物质主要通过对流传递;④传质过程只在气液薄膜中有分子扩散阻力,相界面上和湍流主体中不存在传质阻力,因此传质速率取决于两膜的阻力大小。

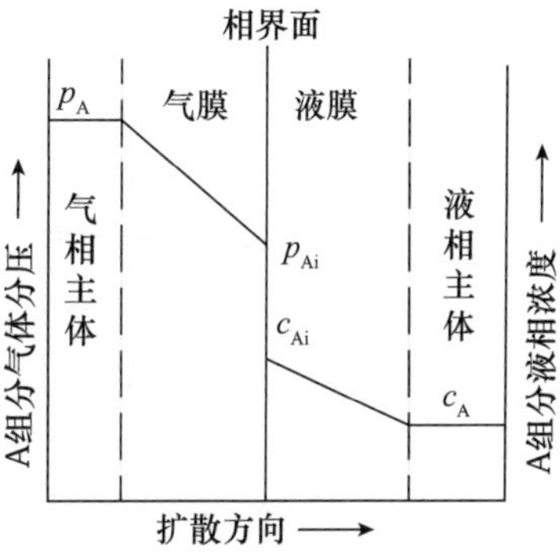

图 5-1 双膜理论模型

传质过程是,被吸收组分从气相主体对流扩散到气膜表面,再以分子扩散通过气膜到达相界面,进入液膜后又以分子扩散通过液膜,最后通过对流扩散进入液相主体,直到气液两相完全平衡后传质停止。如果此时再增加被吸收组分的气相分压,或降低液相中该组分的浓度,传质继续进行。

2.传质速率

传质速率是指被吸收气体组分在单位时间,通过相界面单位面积传递的物质量,也称为吸收速率。根据质量守恒定律,在稳定条件下,通过相界面气液两侧的物质的量相等。对于被吸收组分 A,其传质速率为:

$$N_A = k_g(p_A - p_{Ai}) = k_l(c_{Ai} - c_A)$$

式中,N_A——组分 A 在单位时间,通过相界面单位面积的传质速率, kmol/(m^2 · s);

k_g、k_l——分别为气膜及液膜的传质分系数, kmol/(m^2 · s · kPa)及 m/s;

p_A、p_{Ai}——分别为组分 A 在气相主体及相界面上的分压,Pa;

c_{Ai}、c_A——分别为组分 A 在相界面上及液相主体的浓度, kmol/m^3。

如果吸收气体服从亨利定律,则在平衡时根据亨利定律公式,在相界面上有 $c_{Ai} = H_A p_{Ai}$;在流体主体中有 $c_A = H_A p_A^*$ 及 $c_A^* = H_A p_A$,将这三个关系式代入上式中消去 p_{Ai}和 c_{Ai},整理后得:

$$N_A = K_g(p_A - p_A^*) = K_l(c_A^* - c_A)$$

式中,p_A^*——与液相主体中的组分 A 浓度 c_A 相对应的气相平衡分压,Pa;

c_A^*——与气相主体中的组分 A 分压 p_A 相对应的液相平衡浓度, kmol/m^3;

K_g、K_l——分别为以气相分压差表示的气膜总传质系数及以液相浓度差表示的液膜总传质系数,kmol/(m^2 · s · kPa)及 m/s。其倒数分别为以气相分压差表示的总阻力及以液相浓度差表示的总阻力,表示为:

$$\frac{1}{K_g}=\frac{1}{k_g}+\frac{1}{K_A k_l}$$

$$\frac{1}{K_l}=\frac{H_A}{k_g}+\frac{1}{k_l}$$

可见，两个总传质系数可用气膜及液膜的传质分系数和溶解度系数表示，它们之间的关系为：$K_g=H_A K_l$。如果传质方程式以总传质量 M_A（即组分 A 在 t 时间内通过 F 界面的量）来表示，则式 $N_A=K_g(p_A-p_A^*)=K_l(c_A^*-c_A)$ 改写为：

$$M_A=K_g Ft(p_A-p_A^*)=K_l Ft(c_A^*-c_A)$$

分析上式可知，强化传质过程的因素有：①提高可吸收组分 A 的分压 p_A 或降低溶液中组分 A 的浓度 c_A，均可增加传质动力；②增大传质界面 F 可增加质量传递，如细化喷淋的吸收液液滴以增大总传质面积；③延长气液的接触时间 t，如通过控制气流速度来确定；④增大总传质系数 K，即减小传质阻力，可以明显强化传质过程。

如果是 H_A 值很大的易溶气体，传质总阻力几乎等于气相传质阻力，即传质阻力主要在气相，此种情况称为气膜控制。其特点是只要气相组分分压略为增加，则液相中相应的平衡浓度就会增加很多，如水对 HCl、NH_3 的吸收。对 H_A 值很小的难溶气体，传质总阻力几乎等于液相传质阻力，即传质阻力主要在液相，称为液膜控制。这种情况即使气相组分分压有较大的变化，液相的浓度变化也很小，如用水吸收 CO_2、O_2、N_2、CO、H_2S 等。而中等溶解度气体，气膜阻力与液膜阻力均不能忽略，称为两膜控制，如水对 SO_2 的吸收。

当吸收过程为气膜控制时，应增大气相湍动程度；当吸收为液膜控制时，应增加液相湍动程度，均可增加传质速率。通常，使气体处于分散相，如采用孔板的板式塔，则液体流动减小液膜阻力，适用于难溶气体吸收的液膜控制过程；而使液体成为分散相，如喷淋塔将液体高度雾化喷入气相，则液滴周围流动气体的扩散阻力较小，更适合于易溶气体吸收的气膜控制过程。

（三）化学吸收

1.化学平衡与相平衡

化学吸收是指溶质被吸收时，选择溶剂中某些活性组分进行明显的化学反应，如用碱溶液吸收 CO_2、SO_2、H_2S，或用各种酸溶液吸收 NH_3 等。化学吸收过程既服从上述的气、液相平衡关系，同时也服从化学平衡关系。它的吸收速率除了与物理吸收过程中被吸收组分在气膜和液膜中的扩散速率有关外，还与化学反应速率有关。

由于化学吸收中的溶质 A 在溶剂中与活性组分发生化学反应，减少了溶剂中纯溶质浓度 c_A，增大了液相的传质动力（$c_A^*-c_A$），使得吸收速率增大。尤其对于溶剂处于停滞状态的液膜控制物理吸收过程，其传质表面基本无效，但对化学吸收可能仍然有效，相当于增加了传质表面，有利于吸收过程。同时，气液两相界面上溶质 A 的平衡分压 p_A^* 大为下降，相应增大了气相的传质动力（$p_A-p_A^*$），从而提高了吸收速率。这些结论可从物质的化学平衡与溶解平衡中得到。

设气体溶质组分 A 与液相溶剂中 B 发生化学反应，生成物质 M 和 N，对于理想溶液有：

$$aA+bB\rightarrow mM+nN$$

化学平衡常数为：

$$K=c_M^m c_N^n/c_A^a c_B^b$$

式中，c_M，c_N，c_A，c_B 和 m，n，a，b 分别为组分 M，N，A，B 的浓度和计量系数。由上式可确定组分 A 未发生反应部分的浓度 $c_A=(c_M^m c_N^n/Kc_B^b)^{1/a}$，并由亨利定律得到组分 A 在气相中的平衡分压：

$$p_A^* = c_A/H = (c_M^m c_N^n/Kc_B^b)^{1/a}/H_A$$

由于气体组分 A 的一部分在溶剂中生成了化学反应产物，显然溶剂中游离组分 A 的浓度较物理吸收时低。因而在 H 相同时，液面上气体组分 A 的平衡压力低于单纯的物理吸收过程。或者说当气相分压相同时，化学吸收使组分 A 的溶解度增大，即化学反应提高了吸收率。常见的有以下三种化学平衡：

(1)溶质与溶剂相互作用。液相中的溶质 A 与溶剂 B 相互作用生成溶剂化产物 M，即 $A+B\rightarrow M$，如 NH_3-H_2O 体系中生成 NH_4OH，则 M 的浓度为 A 在溶液中的总浓度与未溶剂化的 A 的浓度之差，即 $c_M=c_{A,t}-c_A$，得到化学平衡常数：

$$K = c_M/c_A c_B = (c_{A,t} - c_A)/c_A c_B$$

$$c_A = c_{A,t}/(1 + Kc_B)$$

对于常压或低压下的稀溶液，如果未溶剂化的 A 服从亨利定律，则有：

$$c_{A,t} = (1 + Kc_B)H_A p_A^*$$

在稀溶液中，溶剂的 c_B 可视作常数，K 也不随浓度而变，故 $1+Kc_B$ 可视为常数。表观上看，亨利定律仍适用，但表观溶解度系数是纯物理吸收时的 $1+Kc_B$ 倍，即化学吸收增大了组分 A 在溶剂中的溶解度 $c_{A,t}$。

(2)溶质在溶液中离解。溶质 A 在溶液中离解的反应为 $A=M^++N^-$，如用水吸收 SO_2，SO_2 溶于水后生成 H_2SO_3，又离解为 H^+ 与 HSO_3^- 的过程。离解平衡常数为：

$$K = c_{M+}c_{N-}/c_A$$

当溶液中没有同离子存在时，$c_{M+}=c_{N-}$，上式变为 $c_{M+}=\sqrt{Kc_A}$，气液平衡时服从亨利定律，则溶液中组分 A 的总浓度为：

$$c_{A,t} = c_A + c_{M+} = c_A + \sqrt{Kc_A} = H_A p_A^* + \sqrt{KH_A p_A^*}$$

可见，溶质 A 在溶液中离解后，其溶解度为物理溶解量与离解溶解量之和。

(3)溶质与溶剂中的活性组分作用。液相中的溶质 A 与溶剂中的活性组分 B 作用生成 M，反应式为 $A+B=M$，如 NaOH 吸收 SO_2 生成 Na_2SO_4 和 H_2O。设溶剂中 B 的初始浓度为 $c_{B,0}$，平衡转化率为 R，则溶液中 B 的平衡浓度为 $c_B=(1-R)c_{B,0}$，生成物 M 的平衡浓度 $c_M=Rc_{B,0}$，化学平衡常数为：

$$K = c_M/c_A c_B = R/(1-R)c_A$$

上式变为 $R=Kc_A/(1+Kc_A)$，其中，A 组分未发生化学反应的浓度满足亨利定律 $c_A=H_A p_A^*$，则溶液中组分 A 的总浓度为 $c_{A,t}=c_A+c_M$，若忽略物理溶解量，则：

$$c_{A,t} = c_M = Rc_{B,0} = c_{B,0}\varepsilon p_A^*/(1+\varepsilon p_A^*)$$

式中，$\varepsilon=KH_A$。由上式可见，溶质 A 的溶解度 $c_{A,t}$ 分别随 ε 和平衡分压 p_A^* 增加而增大，但 $c_{A,t}$ 只能趋近于 $c_{B,0}$，而不能达到 $c_{B,0}$。

此外，由上面的公式还可以看出，溶质在吸收剂中的浓度与其气相分压不再是线性关系，这也是化学吸收与物理吸收在气液平衡关系上的一个重要区别。

2.化学吸收的传质速率

化学吸收与物理吸收相比较，气相一侧两者均可用物理吸收的传质速率方程式表示，而化学吸收相当于增大了液相的传质动力和传质分系数，因此提高了传质速率。此时传质速率的表示有两种方法：一是采用增大的液相传质分系数 $k_{1,d}$，而选取与物理吸收相同的传质动力（$\Delta c_A = c_{Ai} - c_A$）；二是采用增大的传质动力（$\Delta c_A + \delta$），$\delta$ 为液相发生化学反应时传质动力的增大值，而选取与物理吸收相同的传质分系数 k_1，即：

$$N_A = k_{1,d}\Delta c_A = k_1(\Delta c_A + \delta)$$

通常将 $\alpha = k_{1,d}/k_1$ 称为增强系数，表示液相传质分系数因发生化学反应而增大的倍数。由 $k_{1,d}$ 和物理吸收时的气相传质分系数 k_g，利用前面的公式便可求出化学吸收过程的传质总系数。

（四）吸收装置

吸收装置主要是塔式容器，应满足下列基本要求：①气液接触面大，接触时间长；②气液之间扰动强烈，吸收效率高；③流动阻力小，工作稳定；④结构简单，维修方便，投资和运行维修费用低；⑤具有抗腐蚀和防堵塞能力。常用的吸收装置有填料塔、板式塔、湍球塔、喷淋塔等。

填料塔的基本类型如图 5-2 所示，气体由塔底进入向上流动，喷淋的吸收液经填料逆流向下，吸收过程在填料的湿润表面进行。填料种类很多，如拉西环、鲍尔环、矩鞍环等通用型填料和波纹填料等，通常采用陶瓷、塑料、金属等材料。填料塔直径一般不超过 800 mm，空塔气速一般为 0.3～1.5 m/s，单层填料层高度在 3～5 m，压降通常为 400～600 Pa，液气比为 0.5～2.0 L/m³，液体喷淋密度在 10 m³/(m²·h)以上。填料塔由于结构简单、气液接触效果好、压降较小而被广泛应用。不足之处是填料容易堵塞、损失大。

板式塔内装有若干层塔板，吸收液自塔顶向下流动，并在塔板上保持一定厚度的液层，气体从塔底向上逐级穿过塔板，以鼓泡状态或喷射状态与液体相互接触，进行传质、传热及化学反应，如图 5-3 所示。塔板的结构类型有多种，如孔板、筛板、旋流板等，板上设有溢流堰，以保持约 30 mm 厚度的液层。操作中合适的气液比例非常重要，气量过大，则气速过高，穿过筛孔时会以连续相通过塔板液层，形成气体短路，并增大阻力；气量过小或液流量过大，会导致液体从筛孔泄漏，降低吸收效率。筛孔孔径一般为 3～8 mm，开孔率为 5%～15%，空塔气速为 10～25 m/s，穿孔气速为 4.5～12.8 m/s，每层塔板的压降为 800～2 000 Pa。与填料塔相比，板式塔空塔速度较高，处理能力大，但压降损失也较大。

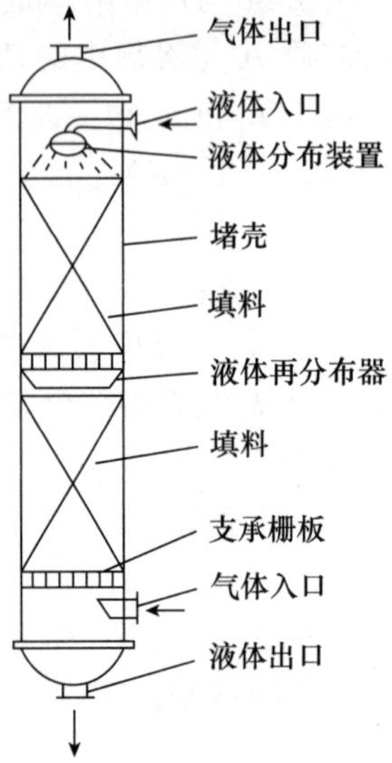

图 5-2　填料塔

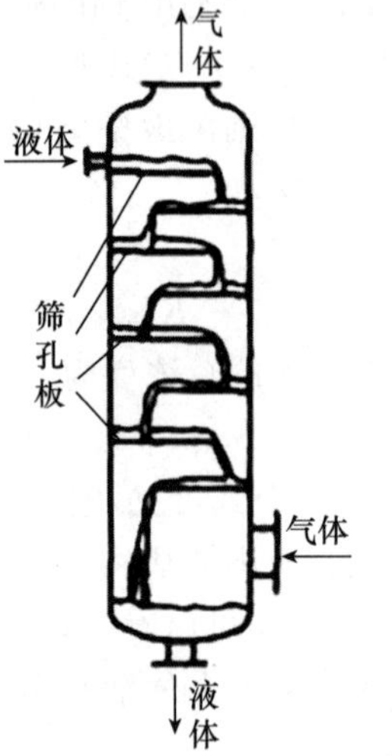

图 5-3　板式塔

湍球塔是为了强化传质、传热过程，应用流化床技术的一种特殊填料塔。聚乙烯或聚丙烯制作的球形填料由筛板支撑，加大气速使填料处于悬浮状态。运动小球的湍动旋转和相互碰撞，使球面液膜不断更新，强化传质过程，提高了吸收效率。湍球塔的空塔气速一般为 2～6 m/s，静止填料层每层高度一般为 0.2～0.3 m，每层压降为 400～1 200 Pa。湍球塔体积小，风速高，处理量大，吸收效率高，塔内不会堵塞。但塑料小球的湍动有返混现象，不能承受高温，磨损严重，需经常更换。

各种类型的喷淋塔也被广泛采用，喷淋塔空塔气速一般为 1.5～6 m/s，塔内压降为 250～500 Pa，液气比较小，适用于极快或快速反应的化学吸收过程。其特点是结构简单，压降低，不易堵塞，气体处理能力较大，投资费用低，但占地面积大，效率较低，常用于规模较大的锅炉烟气湿法脱硫以及作预冷却器。

二、主要烟气脱硫工艺

烟气脱硫(flue gas desulfurization，FGD)是目前技术最成熟、能大规模商业化应用的脱硫方式。虽然研究开发的烟气脱硫技术已有 100 多种，但进入实用的只有十几种。商业应用中湿式洗涤工艺约占烟气脱硫工艺的 85%，半干式喷雾干燥法约占 8.4%。FGD 处理的烟气量大、SO_2 浓度低，但其投资和运行费用非常高，因此经济上而言，中小型的工业锅炉难以承受，大多数应用于电站锅炉。

烟气脱硫工艺按脱硫剂和脱硫产物是固态还是液态分为干法和湿法，而脱硫剂和脱硫产物分别是液态和固态的脱硫工艺则为半干法。干法用固态脱硫剂脱除废气中的 SO_2，气固反应速度慢，脱硫率和脱硫剂的利用率一般较低，但脱硫产物处理容易，投资一般低于传统湿法，有利于烟气的排放和扩散。湿法是用溶液吸收烟气中的 SO_2，气液反应传质效果好，脱硫率高，技术成熟，但脱硫产物难处理，投资较大，且烟温降低不利于排放，烟气需再次耗能加热。

按脱硫产物是否回收利用，烟气脱硫还可分为抛弃法和回收法。抛弃法是将 SO_2 转化为固体产物抛弃掉，但存在残渣污染与处理问题。回收法则由反应产物制取硫酸、硫黄、液体二氧化硫、化肥或石膏等有用物质，还可将反应后的脱硫剂再生循环使用，各种资源可以综合利用，避免产生固体废物，但回收法的费用普遍高于抛弃法，经济效益低。目前仍以抛弃法为主。

下面介绍一些主要的烟气脱硫方法。

(一)干法烟气脱硫

干法烟气脱硫技术包括电子束法、脉冲电晕法、荷电干粉喷射法、气相催化氧化法、活性炭吸附法和流化床氧化铜法等。下文介绍其中的两种。

1.电子束法

电子束脱硫技术是一种物理与化学方法相结合的高新技术。它利用电子加速器产生的等离子体氧化烟气中的 SO_2(NO_x)，并与注入的 NH_3 反应，生成硫铵和硝铵化肥，实现脱硫、脱硝目的。在辐射场中，燃煤烟气中的主要成分为 O_2、H_2O(气)，吸收高能电子的能量，生成大量反应活性极强的活性基团和氧化性物质，如 O、OH、O_3、H_2O。这些氧化性物质与气态污染物进行各种氧化反应，举例如下：

$$SO_2 + 2OH \rightarrow H_2SO_4$$

$$NO + O \rightarrow NO_2$$

$$NO_2 + OH \rightarrow HNO_3$$

生成的 H_2SO_4 和 HNO_3 与加入的 NH_3 发生如下反应：

$$H_2SO_4 + 2NH_3 \rightarrow (NH_4)_2SO_4$$

$$HNO_3 + NH_3 \rightarrow NH_4NO_3$$

反应生成的硫铵和硝铵气溶胶微粒带有电荷，很容易被捕集。

电子束法是1970年日本荏原(EBARA)公司首先提出的烟气脱硫技术。20世纪80年代以来，该技术先后在日本、美国、德国、波兰等国家进行研究并建立了中试工厂。1992—1994年，日本建造了三座小型示范厂，取得了预期的效果。1995年，荏原公司在我国成都电厂90MW机组上实施了电子束脱硫示范工程。1998年1月，系统趋于正常，是当时世界上处理烟气量最大的电子束脱硫装置。

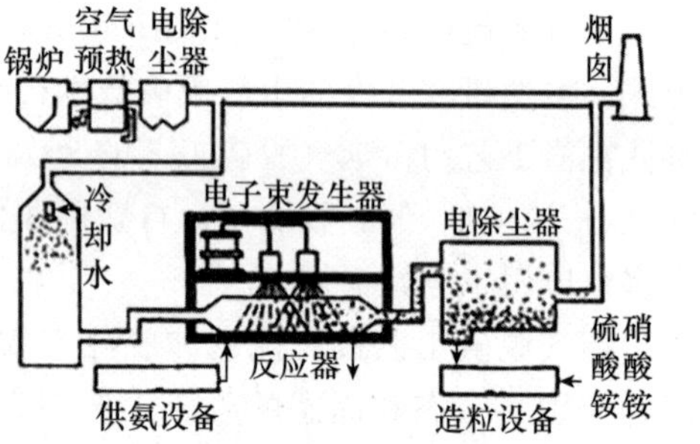

图 5-4　电子束烟气脱硫工艺流程

电子束烟气脱硫工艺流程如图5-4所示，大致由烟气冷却、加氨、电子束照射和副产品收集等几部分组成。电子在高真空的加速管里由高电压加速，然后透过30～50 μm的两片金属箔照射烟气。约130 ℃的排出烟气经静电除尘后，部分烟气进入喷水冷却塔降温、除尘，使烟温降到适于脱硫、脱硝的温度(65 ℃)，再进入同时喷入氨气的反应器脱硫。烟气水露点通常小于60 ℃，所以冷却水在塔内完全被气化，一般不会产生需进一步处理的废水。反应器内的烟气被电子加速器产生的高能电子束照射，发生脱硫、脱硝反应，生成硫铵和硝铵。在反应器中喷水可以吸收反应产生的热量。随后经干式静电除尘器将脱硫副产品与烟气分离，净化后的烟气与未处理的烟气混合升温后送入烟囱排放。

电子束法脱硫效率≥90%，可同时脱硫脱硝，投资较低，副产物可用作肥料，无废渣排放，但运行电耗高，运行成本还受到肥料市场的直接影响。

2.气相催化氧化法

干式气相催化氧化法已实际应用于有色金属冶炼和锅炉烟气脱硫。除尘净化后的含 SO_2 烟气进入催化转化器，在一定温度下通过催化剂作用，将 SO_2 氧化为 SO_3，继而转化为硫酸加以收集。SO_2 的氧化反应为：

$$SO_2 + \frac{1}{2}O_2 \xrightarrow{V_2O_5} SO_3 + \text{放热}$$

实际上，这是一个可逆放热反应，因此降低反应温度和提高反应压力有利于反应的进行。能加速 SO_2 转化反应的催化剂很多，如铂的活性最高，但价格昂贵且易中毒，一般不使用；Cr_2O_3、Fe_2O_3 等金属氧化物也具有一定的活性，但使用温度过高，受到限制；以 SiO_2 为载体的 V_2O_5 价格便宜又不易中毒，且在500～550 ℃活性最高，目前在硫酸生产中被广泛采用。

气相催化氧化法对低 SO_2(含量低于2%)浓度的锅炉烟气的脱硫工艺流程如下：烟气在500 ℃左右除尘，再进入催化转化器反应，然后流经省煤器、空气预热器放热降温至230 ℃左右，最后进入吸收塔，用稀硫酸洗涤吸收 SO_3，待气体冷却到 104 ℃，则可得到浓度为 80% 的硫酸。这就要求实际生产中转化反应必须分段进行。在每段中，反应是在绝热条件下进行的，反应后的气体温度必然升高，因此要将气体冷却(即除去反应热)至一定温度后，再进入下一段进行绝热反应，然后再将反应热移去，如此使转化反应和换热两个过程依次交替进行，直到达到要求的最终转化率为止。对于冶炼工业中高 SO_2(含量高于 2%)浓度的烟气，催化反应放热量大，必须将反应热从系统中不断导出，才能保证最适宜的反应温度，因此工程上采用分段转化反应，一般分 3～4 段。过程是，绝热反应后的气体通过换热器(或管)冷却至一定温度，再进入下一段进行绝热反应、放热，转化反应和换热冷却两个过程依次交替进行，直到实现最终的转化率为止。

(二)半干法烟气脱硫

半干法烟气脱硫技术包括旋转喷雾干燥法、炉内喷钙增湿活化法、增湿灰循环脱硫技术等。

1.旋转喷雾干燥法

这是美国 JOY 公司和丹麦 NIRO 公司 1978 年联合开发的脱硫工艺，已有超过 10% 的脱硫市场占有率。旋转喷雾干燥法脱硫率一般为 85%，高者可达 90% 以上，多用于低硫煤烟气脱硫，其脱硫工艺流程如图 5-5 所示。将石灰 $Ca(OH)_2$ 或 Na_2CO_3 等制成的浆液喷入雾化干燥反应器，雾化后的碱性液滴吸收烟气中的 SO_2，同时烟气的热量使液滴干燥形成石膏固体颗粒，再用袋式除尘器将固体颗粒分离。$Ca(OH)_2$ 吸收 SO_2 的总反应为：

$$Ca(OH)_2 + SO_2 + H_2O \rightarrow CaSO_3 \cdot 2\,H_2O$$

$$CaSO_3 \cdot 2\,H_2O + 1/2\,O_2 \rightarrow CaSO_4 \cdot 2\,H_2O$$

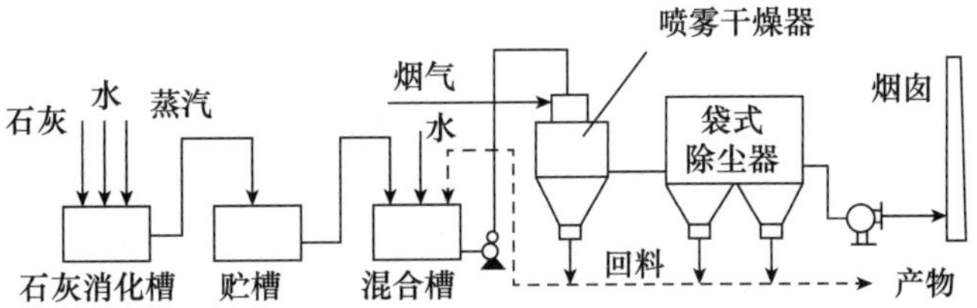

图 5-5 旋转喷雾干燥法脱硫工艺流程

常用的雾化装置有压力喷嘴和高速旋转(10 000～50 000 r/min)离心雾化器两种。雾化液滴及其分布要细而均匀，喷嘴或雾化轮应耐磨、耐腐蚀、防堵塞。吸收剂除用 $Ca(OH)_2$ 或 Na_2CO_3 之外，也可用石灰石、苏打粉、烧碱等。石灰脱硫常将固体颗粒循环使用以提高吸收剂利用率，钠脱硫则一次通过吸收器即可完全反应。石灰的实际用量通常是理论计算量的 2.5 倍左右，循环使用可降至 1.5 倍，钠吸收剂利用率较高，一般为 1.1 倍。袋式除尘器被广泛用于喷雾干燥系统的固体捕集，因为沉积在袋上的未反应的石灰可与烟气中残余 SO_2 反应，脱硫率占系统总脱硫率的 10%～20%，滤袋可以看成一个固定床反应器。

影响脱硫率的因素有烟气温度、速度、湿度和 SO_2 浓度等。反应器入口烟温为 150 ℃左右，较高的入口烟温，可以增加浆液含水量，改善反应器内干燥阶段的传质条件，使脱硫率提高。出口烟温一般为 80～100 ℃，要求比绝热饱和温度高 10～30 ℃。出口烟温越低，则固体颗粒中残留水分越多，传质条件越好，脱硫率越高。烟气进口 SO_2 浓度越高，需要更大的 Ca/S 才能达到较高的脱硫率。反应器内烟气流速约 1.5 m/s，石灰系统的烟气停留时间为 10～12 s。

2.炉内喷钙增湿活化法

这是由芬兰 Tampella 公司和 IVO 公司开发的一种脱硫率较高、设备简单、投资低、能耗少的脱硫技术。其特点是首先将石灰石粉喷入炉膛中 850～1 150 ℃烟温区，完成反应：

$$CaCO_3 \rightarrow CaO + CO_2 \uparrow$$

$$CaO + SO_2 + 1/2\ O_2 \rightarrow CaSO_4$$

其次，在空气预热器后增设了一个独立的活化反应器，在这里喷雾化水或蒸汽使烟气中未反应的 CaO 增湿活化，进行水合反应生成 $Ca(OH)_2$，接着与烟气中 SO_2 反应生成 $CaSO_3$，部分 $CaSO_3$ 进一步氧化成 $CaSO_4$，总反应可表示为：

$$CaO + H_2O + SO_2 + 1/2O_2 \rightarrow CaSO_4 + H_2O$$

烟气经过加水增湿活化和干脱硫灰再循环，可使总脱硫率达到 75%以上，若将干脱硫灰加水制成灰浆喷入活化器增湿活化，可使总脱硫率超过 85%。

(三)湿法烟气脱硫

已商业化或完成中试的湿法脱硫工艺包括石灰(石灰石)法、氨吸收法、磷铵复肥法、稀硫酸吸收法、海水脱硫、氧化镁法等十多种。其中，又以石灰(石灰石)法占绝对统治地位，其优点是技术成熟、脱硫率高，Ca/S 比低，操作简便，吸收剂价廉易得，副产物便于利用。下面介绍其中的几种。

1.石灰(石灰石)法

该工艺以石灰[$Ca(OH)_2$]或石灰石($CaCO_3$)浆液吸收烟气中的 SO_2，脱硫产物亚硫酸钙可用空气氧化为石膏回收，也可直接抛弃，脱硫率达到 95%以上。吸收过程的主要反应为：

$$CaO + H_2O \rightarrow Ca(OH)_2$$

$$Ca(OH)_2 + SO_2 \rightarrow CaSO_3 \cdot 1/2\ H_2O + 1/2H_2O$$

$$CaCO_3 + SO_2 + 1/2\ H_2O \rightarrow CaSO_3 \cdot 1/2H_2O + CO_2 \uparrow$$

$$CaSO_3 \cdot 1/2\ H_2O + SO_2 + 1/2H_2O \rightarrow Ca(HSO_3)_2$$

废气中的氧或送入氧化塔内的空气可将亚硫酸钙和亚硫酸氢钙氧化成石膏：

$$2CaSO_3 \cdot 1/2\ H_2O + O_2 + 3H_2O \rightarrow 2CaSO_4 \cdot 2\ H_2O$$

$$Ca(HSO_3)_2 + 1/2O_2 + H_2O \rightarrow CaSO_4 \cdot 2\ H_2O + SO_2 \uparrow$$

石灰(石灰石)法脱硫工艺流程和装置流程分别如图 5-6、图 5-7 所示。吸收塔内的吸收液与除尘后进入的烟气反应后，被送入氧化塔内制取石膏。烟道气脱硫常用的吸收塔有：湍球塔、板式塔、喷淋塔和文丘里洗涤塔等。

石灰(石灰石)法脱硫工艺主要系统包括：由石灰石粉料仓、石灰石磨机及测量室组成的石灰石制备系统；由洗涤吸收、除雾器和氧化装置组成的吸收和氮化系统；由烟气换热系统、脱硫风机和烟道组成的烟气系统；由水力旋流分离器和真空皮带过滤机组成的石膏脱水系统及存储系统；由工艺水、工业水、废水处理组成的水系统；由事故储罐和地坑组成的事故处理系统；由电器、仪表、软件组成的控制系统；自动运行联锁保护系统。

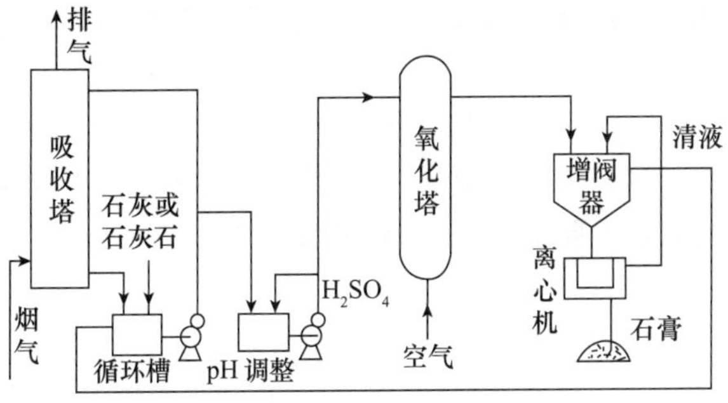

图 5-6 石灰(石灰石)法脱硫工艺流程

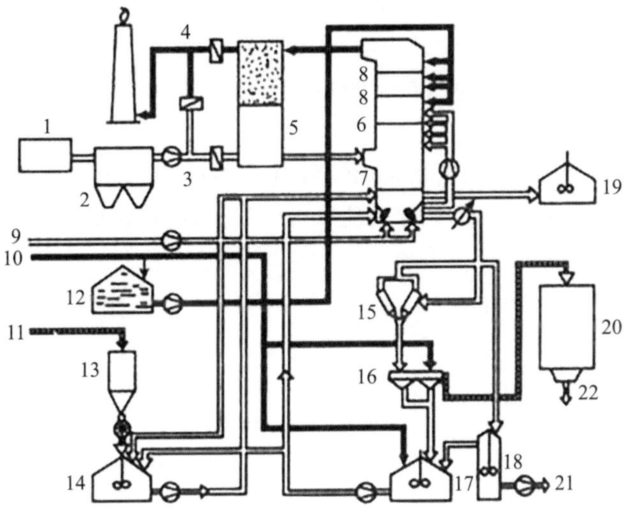

图 5-7 石灰(石灰石)法脱硫工艺装置流程

1—锅炉;2—电除尘器;3—待净化烟气;4—已净化烟气;5—气/气换热器;6—吸收塔;7—吸收塔底槽;8—除雾器;9—氧化用空气;10—工艺过程用水;11—粉状石灰石;12—工艺过程用水;13—粉状石灰石贮仓;14—石灰石中和剂贮箱;15—水力旋流分离器;16—皮带过滤机;17—中间贮箱;18—溢流贮箱;19—维修用塔槽贮箱;20—石膏贮仓;21—溢流废水;22—石膏

(1)烟气系统简介

主要作用:进行脱硫装置的投入和切除,为脱硫运行提供烟气通道。包括以下设备及其系统:烟道、原烟气挡板门、净烟气挡板门、旁路挡板门、挡板门密封系统、增压风机及其辅助系统、烟气换热系统(GGH)及其辅助系统。

烟气系统对锅炉单独设置,来自锅炉引风机出口的烟气进入烟道通向烟囱。在引风机出口与烟囱间的烟道上设置旁路挡板门,当脱硫装置运行时,烟道旁路挡板门关闭,脱硫装置进出口挡板门打开,烟气引入脱硫系统。烟气经过增压风机进入烟气换热器降温后又进入吸收塔,从吸收塔出来的净烟气再进入烟气换热器升温后经烟囱排入大气。当脱硫系统停运时,旁路挡板门打开,脱硫装置进出口挡板门关闭,烟气经旁路烟道进入烟囱直接排入大气。

为克服脱硫装置烟气系统设备、烟道阻力,在脱硫系统上游热端设置一台轴流式静叶可调增压风机。烟气经过增压风机进入烟气换热器降温后进入吸收塔。

为防止净烟气在排放过程中结露,同时增加净烟气排入烟囱后的抬升高度,在吸收塔与公用烟道之间设置回转式换热器，升温到 80 ℃后的净烟气经烟囱排入大气。这就是通常所说的 GGH。

经过洗涤的烟气温度已低于露点，如不再加热而从烟囱排放，会影响排放烟气热抬升高度，对烟囱造成严重腐蚀。但是再加热排放，需要投入大量资金。因此，有的国家要求脱硫后烟气必须加热排放；有的国家不要求加热，而是对烟囱采取防腐措施。具体做法取决于各国要求和具体情况的环保要求。

采用烟气再加热器通常有蓄热式和非蓄热式两种类型。蓄热式工艺利用未脱硫的热烟气加热冷烟气。蓄热式换热器又分回转式烟气换热器、板式换热器和管式换热器，均通过载热体或载热介质将热烟气的热量传递给冷烟气。回转式烟气换热器是通过平滑的或带波纹的金属薄片或载热体将烟气的热量传递给净化后的冷烟气，缺点是热烟气会泄漏到冷烟气中。板式换热器中，热烟气与冷烟气逆流或交叉流动，热交换通过薄板进行，这种系统基本不泄漏。管式换热器是通过中间载体水将热烟气的热量传递给冷烟气，无烟气泄漏问题，用于年满负荷运行在 4 000～6 500 h 的脱硫装置。

装设烟气脱硫装置后，整个脱硫系统烟气阻力约 2 940 Pa，单靠原有锅炉引风机(IDF)不足以克服这些阻力，需设助推风机，或称脱硫风机(BUF)，脱硫风机有 4 种布置方案(图 5-8)。

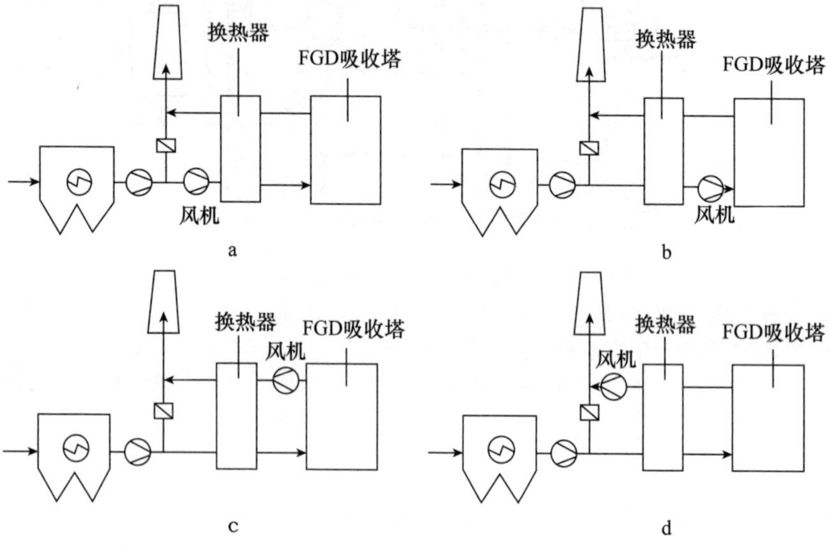

图 5-8　脱硫风机的 4 种布置方案

(2)吸收和氧化系统简介

湿法烟气脱硫技术最核心的系统是吸收和氧化系统，主要设备包括吸收塔、除雾器和氧化槽。

①吸收塔。烟气脱硫系统最重要的装置是吸收塔，要求气液接触面积大，气体的吸收反应良好，压力损失小，适用于大容量烟气处理。吸收塔成功应用的主要有喷淋塔、填料塔、双回路塔和喷射塔、鼓泡塔等。

② 除雾器。净烟气出口设除雾器，通常为二级除雾器，装在塔圆筒顶部(垂直布置)或塔出口弯道后平直烟道上(水平布置)。后者允许烟气流速高于前者。设置冲洗水，间歇冲洗除

雾器。冷烟气残余水分≤100 mg/m³，否则玷污热交换器、烟道和风机等。

③ 氧化槽。氧化槽的功能是接受和储存脱硫剂，溶解石灰石，鼓风氧化 $CaSO_3$ 结晶生成 $CaSO_4$（石膏）。

早期石灰（石灰石）法脱硫，几乎都在脱硫塔外另设氧化塔，即由脱硫塔排出的含 $CaSO_3$ 的浆液再被引入专门的压力氧化槽中，并添加硫酸，在 pH 为 3～4 的酸性条件下鼓风氧化。这种工艺易发生结垢和堵塞。随着工艺研究的发展，人们将氧化系统组合在塔底的浆池内，利用大容量浆池完成石膏的结晶过程，即就地强制氧化。循环的吸收剂在氧化槽内设计停留时间一般 4～8 min，与石灰石反应性能有关。石灰石反应性越差，为完全溶解，要求它在池内滞留的时间越长。

氧化空气采用罗茨风机或离心风机鼓入，压力为 $(5\sim8.6)\times10^4$ Pa。

(3)石灰石制备系统简介

石灰石制备系统由破碎系统和湿式球磨机制浆系统组成。破碎系统用于将石灰石料由 80 mm 破碎成小于 6 mm 石灰石细料并储存。石灰石仓的容量至少可供两台炉脱硫装置 3 天使用。

破碎系统的运行方式为：汽车将石灰石卸到石料受料斗，通过受料斗底部的振动给料机向破碎机供给石料；石料经破碎机破碎，破碎后的石料经埋刮板输送机输送到斗式提升机，斗式提升机将石料送到石灰石仓顶部刮板输送机，刮板输送机将石料送入石灰石仓。石料经石灰石仓下的阀门供给制浆系统。石料接收仓上设布袋除尘器，防止卸料时粉尘飞扬。

湿式球磨机制浆系统在 FGD 装置中的主要作用是：磨制出细度合格的吸收剂。制浆系统运行方式：来自石灰石仓已经预破碎的石料通过称重给料机送入湿式球磨机，并加入相应比例的水。在湿式球磨机中钢球的研磨作用下，石灰石和水被研磨成石灰石浆液，并逐级进入一级和二级水力旋流器进行旋流分离。分离后大部分石灰石浆液返回磨机，同新加入的石灰石一起重新磨制；分离后的细度合格的石灰石浆液，进入石灰石浆液箱储存备用。

(4)石膏脱水系统简介

吸收塔排出的石膏浆液通过浆液排出泵送入石膏旋流分离器，旋流器底流进入真空皮带机脱水，脱水后的石膏直接落入石膏仓内，石膏经石膏仓底部的卸料装置落入卡车外运。

真空皮带脱水是石膏脱水的第二阶段，经过水力旋流器浓缩的石膏浆直接流入真空皮带脱水机。经过进料和分配系统，石膏浆被均匀地分布到真空皮带机的整个宽度上。真空皮带由钢结构支持。沿皮带运动的方向（结构具有 200∶1 的抬升坡度），分别装有皮带的驱动皮带轮和从动轮。驱动皮带轮在变频电机、减速装置的驱动下，带动皮带转动。皮带上刻有沟槽，中间有孔。滤布被张紧在皮带上，在摩擦力作用下随皮带而转动。在水平运动段下方布置有真空箱，并由真空泵抽吸形成真空。沿滤袋均匀分布的浆液在真空抽吸作用下，其水分透过滤布，在皮带沟槽中汇集，流入真空箱，汇集到滤液收集器（气水分离器）中分离。

滤液收集箱是空箱，顶部同真空泵抽吸口相连，底部直接连接石膏溢流浆液箱。流入石膏溢流浆液箱的浆液通过石膏溢流浆液泵送回吸收塔。流入皮带机的石膏经过滤饼冲洗水清洗，除去氯离子，并沿真空皮带机脱水。含表水 10%的石膏在皮带机末端直接落入石膏仓。

(5)石膏存储系统简介

湿石膏的存储方法取决于发电厂烟气脱硫系统石膏的产量、用户的需求量、运输手段以及石膏中间储仓的大小。对于容量为 300～700 m³ 的中间储仓，石膏在其中存放时间不应超过一个月。

(6)水系统简介

工艺水来源：电厂循环水；工业水来源：电厂补充水。

工艺水系统为FGD装置提供各生产部件正常工作所需水量，主要任务是补充脱硫装置运行时发生的水损失。工艺水还用于加注及冲洗任务。系统的水损失包括：冷却烟气蒸发的水量、排放的水量、石膏携带的水量。

工业水系统为FGD装置的湿磨和真空皮带提供正常的所需水量。其水质优于工艺水，主要任务是冲洗石膏成品，以期获得低氯根的产品。

FGD的废水主要是由石膏脱水系统产生的少量废水，用管道送至电厂灰水系统进行中和。

为了防止烟气中可溶部分(即氯气)浓度超过规定值和保证石膏的质量，必须从系统中排放一定量的废水。排放的废水或者是水力旋流分离器的溢流水，或者是皮带过滤机第一段的过滤水，这部分水需通过废水处理装置。处理废水排放量与氯离子含量有关，一般控制氯离子浓度小于20 000 mg/L。

石灰(石灰石)的吸收效率与浆液pH、钙硫比、液气比、温度、石灰石粒度、浆液固体浓度、气体中SO_2浓度、洗涤器结构等众多因素有关，主要因素有：

①浆液pH。料浆的pH对SO_2的吸收影响很大，一般新配制的浆液pH在8～9。随着吸收SO_2反应的进行，pH迅速下降，当pH低于6时，这种下降变得缓慢，而当pH小于4时，则几乎不能吸收SO_2。pH的变化除对SO_2的吸收有影响外，还可影响到结垢、腐蚀和石灰石粒子的表面钝化。用含有石灰石粒子的料浆吸收SO_2，生成$CaSO_3$和$CaSO_4$，pH的变化对$CaSO_3$和$CaSO_4$的溶解度有着重要影响，随pH的升高，$CaSO_3$溶解度明显下降，而$CaSO_4$溶解度则变化不大。随SO_2的吸收，溶液pH降低，溶液中溶有较多的$CaSO_3$，并在石灰石粒子表面形成一层液膜，而$CaCO_3$的溶解又使液膜的pH上升，溶解度的变小使液膜中的$CaSO_3$析出并沉积在石灰石粒子的表面，形成一层外壳，使粒子表面钝化。钝化的外壳阻碍了$CaCO_3$的继续溶解，抑制了吸收反应的进行，因此浆液的pH应控制适当。采用消石灰浆液时，pH控制为5～6，而采用石灰石浆液时，pH控制为6～7。

②液气比。由于反应中Ca^{2+}持续地被消耗，这就需要吸收器有较大的持液量，即保证较高的液气比。显然，脱硫率随液气比增大而提高，但能耗也相应增加，当液气比大于5.3 L/m^3时，脱硫率平均为87%。

③石灰石粒度。粒度越小，表面积越大，脱硫率与石灰石的利用率越高，但石灰石的磨粉耗能越大。

④温度。降低吸收塔中的温度，脱硫率提高。吸收塔中的温度主要受进口烟温的影响，一般进口烟温要低于35 ℃。

石灰(石灰石)法的主要缺点是装置容易结垢堵塞。造成结垢堵塞的固体沉积，主要以三种方式出现：因溶液或料浆中的水分蒸发而使固体沉积；$Ca(OH)_2$或$CaCO_3$沉积或结晶析出；$CaSO_3$或$CaSO_4$从溶液中结晶析出，石膏"晶种"沉积在设备表面并生长，形成结垢堵塞。为防止固体沉积，特别是防止$CaSO_4$的结垢，除使吸收器满足持液量大、气液相间的相对速度高、有较大的气液接触表面积、内部构件少、压力降小等条件外，还可采用控制吸收液过饱和及使用添加剂等方法。

控制吸收液过饱和的最好方法是在吸收液中加入二水硫酸钙晶种或亚硫酸钙晶种，提供足够的沉积表面，使溶解盐优先沉淀在上面，减少固体物向设备表面的沉积和增长。

向吸收液中加入添加剂也是防止设备结垢的有效方法，目前使用的添加剂有镁离子、氯化钙、己二酸等。

己二酸在洗涤浆液中起缓冲 pH 的作用，抑制了气液界面上由 SO_2 的溶解而导致的 pH 降低，使液面处 SO_2 浓度提高，从而可以加速液相传质。使用己二酸作为添加制，对流程不需做任何改变，并且可以在浆液循环回路的任何位置加入。己二酸的加入可以大大提高石灰石利用率，据统计，在 SO_2 去除率相同时，在无己二酸系统，石灰石的利用率仅为 65%～70%，使用己二酸，利用率可提高到 80%以上，因而减少了最终的固体废物量。一般情况下，1 t 石灰石己二酸的用量为 1～5 kg。

可以采用加入 $Mg(OH)_2$ 或 $MgSO_4$ 的方法向吸收液中引入 Mg^{2+}。Mg^{2+} 的引入改变了吸收液的化学性质，使 SO_2 以一种可溶盐的形式被吸收，而不是以亚硫酸钙或硫酸钙的形式被吸收。根据溶度积常数，亚硫酸镁的溶解度约为亚硫酸钙溶解度的 630 倍，溶液中亚硫酸根离子活度大大增加。这不仅大大改善了吸收 SO_2 的效率，同时也使钙离子浓度减少。石膏溶解度比亚硫酸钙溶解度大很多，即使略为降低钙离子浓度，也足以防止石膏饱和，所以镁离子的加入可以使系统在未达饱和状态下运行，防止了结垢问题。

2.氨吸收法

氨吸收法是用氨水洗涤含 SO_2 的废气，形成 $(NH_4)_2SO_3$-NH_4HSO_3-H_2O 的吸收液体系，该溶液中的 $(NH_4)_2SO_3$ 对 SO_2 具有很好的吸收能力。它是氨吸收法中的主要吸收剂。吸收 SO_2 以后的吸收液可用不同的方法处理，获得不同的产品，从而也就形成了不同的脱硫方法。其中比较成熟的为氨-酸法、氨-亚硫酸铵法和氨-硫铵法等。在氨吸收法的这些脱硫方法中，其吸收的原理和过程是相同的，不同之处仅在于对吸收液处理的方法和工艺技术路线。

$$NH_3 + H_2O + SO_2 = NH_4HSO_3$$

$$2NH_3 + H_2O + SO_2 = (NH_4)_2SO_3$$

$$(NH_4)_2SO_3 + SO_2 + H_2O = 2NH_4HSO_3$$

吸收过程中所生成的 NH_4HSO_3 对 SO_2 不具有吸收能力，随吸收过程的进行，吸收液中的 NH_4HSO_3 数量增多，吸收液吸收能力下降，此时需向吸收液中补充氨，使部分 NH_4HSO_3 转变为 $(NH_4)_2SO_3$，以保持吸收液的吸收能力。因此氨吸收法是利用 $(NH_4)_2SO_3$－NH_4HSO_3 的不断循环的过程来吸收废气中的 SO_2。补充的 NH_3 并不是直接用来吸收 SO_2，只是保持吸收液中 $(NH_4)_2SO_3$ 的一定浓度比例。NH_4HSO_3 浓度达到一定比例的吸收液要不断从洗涤系统中引出，然后用不同的方法对引出的吸收液进行处理。

氨吸收法是烟气脱硫各方法中较为成熟的方法，较早地被应用于工业过程。该法脱硫费用低，氨可留在产品内，以氮肥的形式提供使用，因而产品实用价值较高。但氨易挥发，因而吸收剂的消耗量较大，另外氨的来源受地域及生产行业的限制较大。尽管如此，氨吸收法仍不失为一个治理低浓度 SO_2 的有应用前景的方法。

3.钠碱法

(1)主要化学反应和方法

钠碱法是采用 Na_2CO_3 和 NaOH 作为起始吸收剂，在 SO_2 气体的接触过程中，发生如下化学反应：

$$2Na_2CO_3+SO_2+H_2O=2NaHCO_3+Na_2SO_3$$

$$2NaHCO_3+SO_2=Na_2SO_3+H_2O+CO_2\uparrow$$

$$2NaOH+SO_2=NaSO_3+H_2O$$

吸收开始时，主要按照上面三个反应生成 Na_2SO_3，Na_2SO_3 具有吸收 SO_2 的能力，能继续从气体中吸收 SO_2：

$$Na_2SO_3+SO_2+H_2O=2NaHSO_3$$

吸收过程的主要副反应为氧化反应：

$$Na_2SO_3+1/2O_2=2Na_2SO_4$$

从以上反应可知，循环吸收液的主要成分为 Na_2SO_3、$NaHSO_3$ 和少量的 Na_2SO_4。

根据对吸收液再生方法的不同，可以得到不同的钠碱法处理工艺，所得产物亦不相同，主要方法有：

①亚硫酸钠法：利用 Na_2SO_3 与 $NaHSO_3$ 在水中溶解度的不同，使 Na_2SO_3 结晶作为产品；

②亚硫酸钠循环法：利用热再生方法处理吸收液，副产高浓度 SO_2，吸收剂循环使用；

③钠盐-酸分解法：吸收液用酸分解处理。

(2)亚硫酸钠法的工艺流程

亚硫酸钠法的工艺流程主要分为四个步骤，即吸收、中和、浓缩结晶及干燥(图 5-9)。

①吸收。在配碱槽中配成 20～22°Bé(波美度)的 Na_2CO_3 水溶液，加入纯碱用量的十二万分之一的对苯二胺作为阻氧剂，再加入纯碱用量 5%左右的 24°Bé 的烧碱液，以沉降铁离子及其他重金属离子。将配好的溶液送入吸收塔，与含 SO_2 气体逆流接触，循环吸收，至吸收液的 pH 达 5.6～6.0 时，得亚硫酸氢钠溶液，将此溶液送去中和，吸收后尾气排空。

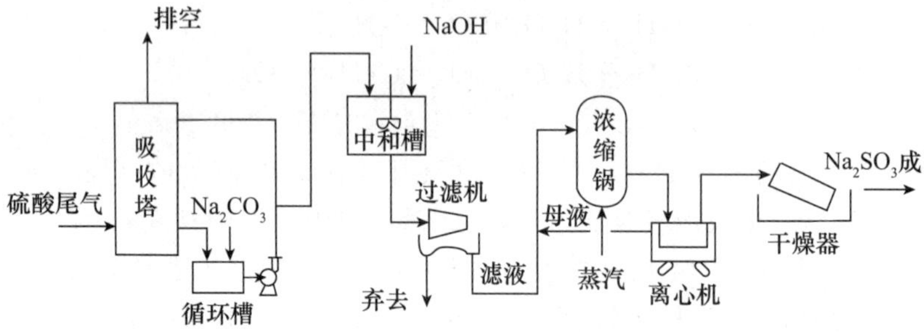

图 5-9　亚硫酸钠法工艺流程

我国某厂采用的吸收设备为聚氯乙烯塑料板制的湍球塔，塔径为 1 100 mm，单层湍动。全高 3 720 mm，内装内径 38 mm 聚氯乙烯空心球 9 000 只，固定床高约 400 mm。空塔气速为 3 m/s，喷淋密度 25 $m^3/(m^2\cdot h)$。上筛板孔径 32 mm，开孔率 48%。塔内阻力 1 470～1 960 Pa，液体在塔内停留时间为 6 s。该塔特点为不易堵塞，生产能力大，用材少，造价低，吸收效率可达 90%～95%。

②中和。将吸收后的 $NaHSO_3$ 溶液送至中和槽，加入 24°Bé 烧碱溶液进行中和反应至 pH=7，然后以 4 kg/cm^3 的蒸汽间接加热至沸腾，以驱尽其中的 CO_2。加入适量的硫化钠溶液以除去铁和重金属离子，继续加烧碱将溶液中和至 pH=12，再加入少量活性炭脱色，过滤

后得含量约为21%的无色亚硫酸钠清液。

③浓缩结晶。将亚硫酸钠溶液送入浓缩锅，用蒸汽加热并不断加进新鲜的亚硫酸钠溶液以保持一定的液位，防止锅壁结出“锅巴”。经不断加热浓缩至析出一定量的无水亚硫酸钠结晶时，将其放入离心机甩干，得到含水2%～3%的结晶。母液回到浓缩锅循环使用。

④干燥。用电热烘干或气流干燥等方法，将甩干后的结晶进行干燥，干燥后的结晶即可包装成产品。

国内的一些中小型工厂的硫酸尾气及一些有色金属冶炼厂的冶炼尾气，采用了亚硫酸钠法进行治理，与其他烟气脱硫方法比较，具有吸收效率很高，工艺流程简单，操作方便，可靠，基建投资及脱硫费用较低等优点。作为产品的亚硫酸钠纯度可达96%，因而可用于织物、化纤、造纸工业的漂白剂及脱氯剂，国内还用作一些农药生产的脱氯剂等。但这些应用的需求量有限，大规模生产产品销路将产生问题，且该法碱耗较高，因而限制了其应用，只适用于中小气量烟气的脱硫。

4.钠碱双碱法

钠碱双碱法首先采用钠化合物（$NaOH$、Na_2CO_3 或 Na_2SO_3）溶液吸收烟气中的 SO_2，生成 Na_2SO_3 和 $NaHSO_3$。接着用石灰或石灰石使吸收液再生为钠溶液，并生成亚硫酸钙或硫酸钙沉淀。由于吸收塔内用的是溶于水的钠化合物作为吸收剂，不会结垢。然后将离开吸收塔的溶液导入一开口反应器，加入石灰或石灰石进行再生反应，再生后的钠溶液返回吸收塔重新使用。

吸收反应为：

$$Na_2CO_3+SO_2 \rightarrow Na_2SO_3+CO_2\uparrow$$

$$2NaOH+SO_2 \rightarrow Na_2SO_3+H_2O$$

$$Na_2SO_3+SO_2+H_2O \rightarrow 2NaHSO_3$$

反应器中的再生反应为：

$$Na_2SO_3+Ca(OH)_2+1/2H_2O \rightarrow 2NaOH+CaSO_3\cdot 1/2H_2O\downarrow$$

$$2NaHSO_3+Ca(OH)_2 \rightarrow CaSO_3\cdot 1/2H_2O\downarrow+3/2H_2O+Na_2SO_3$$

$$2NaHSO_3+CaCO_3 \rightarrow CaSO_3\cdot 1/2H_2O\downarrow+Na_2SO_3+CO_2\uparrow+1/2H_2O$$

如果将亚硫酸钙进一步氧化，能够回收石膏。此法的脱硫率也很高，可达95%以上。缺点是吸收过程中，生成的部分 Na_2SO_3 会被烟气中残余 O_2 氧化成不易清除的 Na_2SO_4，使得吸收剂损耗增加和石膏质量降低。电站锅炉烟气中，有5%～10%的 Na_2SO_3 被氧化为 Na_2SO_4。如果溶液中的 OH^- 和 SO_4^{2-} 保持足够高的浓度，则可除去 Na_2SO_4：

$$Na_2SO_4+Ca(OH)_2+2H_2O \rightarrow 2NaOH+CaSO_4\cdot 2H_2O$$

若吸收塔采用稀硫酸来除去硫酸钠，这也要增加硫酸消耗：

$$Na_2SO_4+H_2SO_4+2CaSO_3+4H_2O \rightarrow 2CaSO_4\cdot 2H_2O+2NaHSO_3$$

5.氧化镁法

氧化镁法是以氧化镁作为吸收剂吸收烟气中的 SO_2，其中以氧化镁浆洗再生法工业应用较多，其脱硫效率可达90%以上。

其原理是：将氧化镁制成浆液，用此浆液对 SO_2 进行吸收，可生成含结晶水的亚硫酸镁和硫酸镁。然后将此反应物从吸收液中分离出来并进行干燥，最后将干燥后的亚硫酸镁和硫酸镁进行煅烧分解，再生成氧化镁（图 5-10）。因此该方法的主要过程为吸收、分离干燥和分解三部分。

（1）吸收

吸收中发生如下化学反应：

$$MgO + H_2O \rightarrow Mg(OH)_2\text{（浆液）}$$

$$Mg(OH)_2 + SO_2 + 5H_2O \rightarrow MgSO_3 \cdot 6H_2O$$

$$MgSO_3 \cdot 6H_2O + SO_2 \rightarrow Mg(HSO_3)_2 + 5H_2O$$

$$Mg(HSO_3)_2 + Mg(OH)_2 + 10H_2O \rightarrow 2MgSO_3 \cdot 6H_2O$$

吸收过程主要副反应为：

$$Mg(HSO_3)_2 + \frac{1}{2}O_2 + 6H_2O \rightarrow MgSO_4 \cdot 7H_2O + SO_2$$

$$MgSO_3 + \frac{1}{2}O_2 + 7H_2O \rightarrow MgSO_4 \cdot 7H_2O$$

$$Mg(OH)_2 + SO_3 + 6H_2O \rightarrow MgSO_4 \cdot 7H_2O$$

由以上反应可知，吸收液中的主要成分为亚硫酸镁、亚硫酸氢镁和硫酸镁。

（2）分离干燥

将吸收液中的亚硫酸镁与硫酸镁分离出来并进行干燥，主要目的是通过加热除去这些盐中的结晶水。

（3）分解

将干燥后的亚硫酸镁与硫酸镁煅烧，再生氧化镁，副产 SO_2。在煅烧中，为了还原硫酸盐，要添加焦炭或煤，发生如下反应：

$$C + \frac{1}{2}O_2 \rightarrow CO$$

$$CO + MgSO_4 \rightarrow CO_2 + MgO + SO_2$$

$$MgSO_3 \xrightarrow{v} MgO + SO_2$$

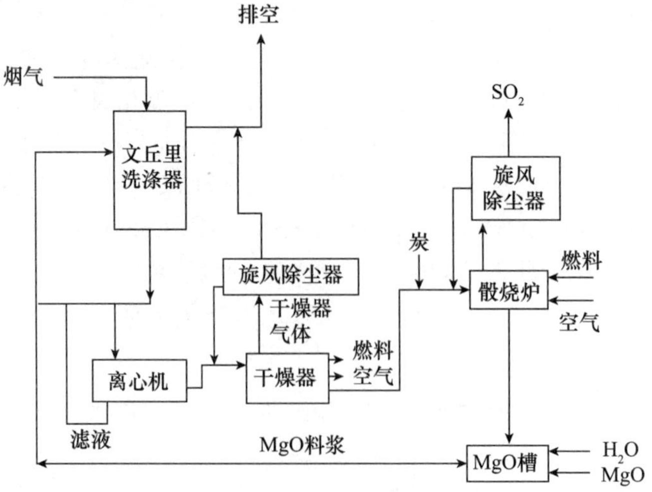

图 5-10　氧化镁法工艺流程

锅炉燃烧排出的烟气在文丘里洗涤器内用氧化镁浆液进行洗涤，脱去 SO_2。洗涤后的气体排空。部分吸收液引出吸收系统送去分离，用离心机将亚硫酸镁与硫酸镁结晶分出后送转鼓干燥器干燥，滤出母液返回吸收系统。干燥的亚硫酸镁与硫酸镁在回转窑煅烧，煅烧时，窑内要加入焦炭和煤以还原。煅烧后的氧化镁重新制成浆液在吸收中循环使用。煅烧气中含有 10%～16%的 SO_2 可送去制酸。

吸收中主要设备为开米柯文丘里管洗涤器，其结构如图 5-11 所示。

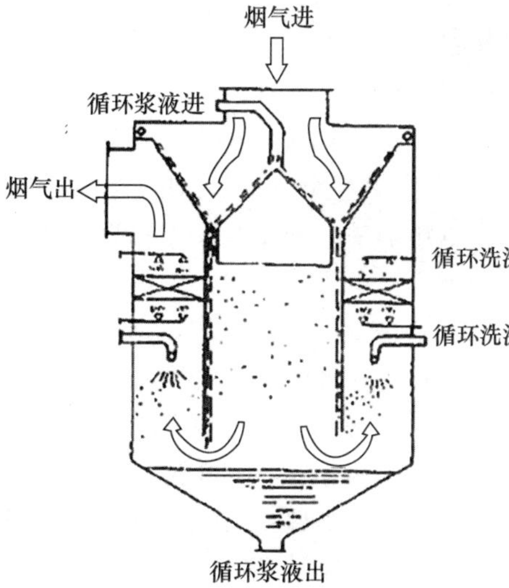

图 5-11　开米柯文丘里管洗涤器

烟气由洗涤器顶器引入，在文丘里管喉颈与循环浆液发生强烈雾化作用，强化了气液接触，能得到较好的脱硫效果。吸收后气体在排出前经除沫器除去雾沫。除沫器定期进行清洗，洗涤器内壁因循环液的不断冲刷，不会结垢和堵塞，可连续长期运行。该洗涤器处理气量大，可达 90 万 m^3/h 的水平，且能适应较大的气量波动。

任务四　高浓度 SO_2 尾气的回收

某些有色金属冶炼厂排放的 SO_2 等为高浓度 SO_2 废气。对于高浓度 SO_2 废气，目前采用接触法制硫酸，技术成熟且有很好的经济效益。

接触法制硫酸的原料是硫黄、黄铁矿、石膏。在我国主要用黄铁矿。接触法制硫酸可以分成三个阶段：造气、接触氧化、三氧化硫的吸收。

造气所用的设备是燃烧炉，进入燃烧炉的应该是硫黄或者是经过粉碎的黄铁矿和空气，反应方程为：

$$S(s)+O_2(g)\xlongequal{点燃}SO_2(g),\Delta H=-297\ kJ/mol$$

$$FeS_2(s)+11/4\ O_2(g)\xlongequal{高温}1/2\ Fe_2O_3(s)+2SO_2(g),\Delta H=-853\ kJ/mol$$

$$4FeS_2(s)+11O_2(g)\xlongequal{高温}2\ Fe_2O_3(s)+8SO_2(g),\Delta H=-3\ 412\ kJ/mol$$

从燃烧炉出来的气体叫炉气。除去杂质和矿尘的目的是防止催化剂中毒，进行干燥的原因是防止水蒸气与二氧化硫形成酸对设备的腐蚀和在接触室里对催化氧化的不良影响。

干燥的炉气进入接触室与催化剂接触发生反应，反应方程为：

$SO_2(g)+1/2O_2(g)\xlongequal{催化剂}SO_3(g),\Delta H=-98.3\ kJ/mol$（可逆反应，反应条件为 400～500 ℃，$V_2O_5$ 做催化剂。）

吸收三氧化硫是在吸收塔中进行的，塔中堆有瓷环。一般用 98.3%硫酸吸收三氧化硫，形成硫酸，然后再稀释成所需浓度的硫酸。

练习题

一.选择题

1.在以下有关填料塔的论述中,错误的是(　　)。

A.产生“塔壁效应”的主要原因是塔径与填料尺寸的比值太小

B.填料塔是一种具有固定相界面的吸收设备

C.当烟气中含有悬浮颗粒物时,填料塔中的填料容易堵塞

D.填料塔运行时的空塔气速一定要小于液泛气速

2.根据气液两相间物质传递过程的双膜理论,以下论述中(　　)是错误的。

A.即使气液两相主体呈湍流时,气膜和液膜仍呈层流

B.气液两相主体不存在浓度梯度,被吸收组分在气液两相主体的扩散阻力可以忽略不计

C.在气膜和液膜中,没有吸收组分的积累

D.气液两相主体达到平衡时,相界面处才没有任何传质阻力

3.采用湿式(　　)的脱硫工艺,也可以同时去除烟气中的大部分氮氧化物。

A.石灰(石灰石)法

B.双碱法

C.氯酸钾法

D.氧化镁法

4.在以下石灰(石灰石)法烟气脱硫的化学反应式中,(　　)是对吸收过程不利的反应。

A.$Ca(OH)_2+SO_2 \rightarrow CaSO_3 \cdot \frac{1}{2}H_2O+\frac{1}{2}H_2O$

B.$CaCO_3+SO_2+\frac{1}{2}H_2O \rightarrow CaSO_3 \cdot \frac{1}{2}H_2O+CO_2$

C.$CaSO_3 \cdot \frac{1}{2}H_2O+SO_2+\frac{1}{2}H_2O \rightarrow Ca(HSO_3)_2$

D.$2CaSO_3 \cdot \frac{1}{2}H_2O+3H_2O+O_2 \rightarrow 2CaSO_4 \cdot 2H_2O$

二、简答题

1.气态污染物的主要净化方法有哪些?

2.造成石灰(石灰石)法脱硫中的结垢堵塞有哪几种方式?如何防止?

3.石灰(石灰石)法工艺主要系统包括哪些部分?

4.简述烟气脱硫方法及其原理特点。

三、计算题

某电厂采用石灰石湿法进行烟气脱硫,脱硫效率为90%。电厂燃煤含硫为3.6%,含灰为7.7%。试计算:

(1)如果按化学剂量比反应,脱除每千克 SO_2 需要多少 $CaCO_3$?

(2)如果实际应用时 $CaCO_3$ 过量30%,每燃烧1 t煤需要消耗多少 $CaCO_3$?

(3)脱硫污泥中含有60%的水分和40% $CaSO_4 \cdot 2H_2O$,如果灰渣与脱硫污泥一起排放,每吨燃煤会排放多少污泥?

项目六　固定源氮氧化物污染控制技术

项目内容及要求：

氮氧化物(NO_x)是大气污染的主要污染物之一，我国"十二五"期间把NO_x与SO_2并列的两大总量控制指标之一。NO_x对环境的损害作用极大，它既是形成酸雨的主要物质之一，也是形成大气中光化学烟雾的重要物质和消耗O_3的一个重要因子。

大气中氮氧化物有N_2O、NO、NO_2、N_2O_3、N_2O_4和N_2O_5等，主要是NO和NO_2。燃烧系统中排出的NO_x 95%以上为NO，其余主要为NO_2。在人类活动产生的NO_x中，由各种炉窑、机动车和柴油机等燃料高温燃烧产生的占90%以上，其次是硝酸生产、硝化过程、炸药生产及金属表面的硝酸处理等过程。

因此，控制NO_x排放技术主要分为两大类：一类是源头控制，即通过各种技术手段，控制燃烧过程NO_x生成反应；另一类是尾部控制，即烟气脱硝，将生成的NO_x还原为N_2。

知识目标：

1.了解氮氧化物的性质及来源；
2.熟悉氮氧化物燃烧技术；
3.掌握催化脱氮技术的反应原理、工艺流程及影响因素；
4.熟悉其他烟气脱硝技术。

能力目标：

会根据燃烧产生的污染物特点选择合理的烟气脱硝技术。

任务一　低氮氧化物燃烧技术

通过改变燃烧条件的方法来降低NO_x的排放，称为低NO_x燃烧技术。其应用广，相对简单、经济，并且是有效的方法。根据燃烧过程中NO_x的生成机理，燃料燃烧过程中产生的NO_x一般可分为三大类：热力型NO_x(thermal NO_x)、燃料型NO_x(fuel NO_x)和快速型

NO_x(prompt NO_x)。快速型 NO_x 不到 5%;到温度低于 1 350 ℃时几乎没有热力型 NO_x,只有当燃烧温度超过 1 600 ℃时,热力型 NO_x 才可能占到 25%～30%。因而对于常规设备,主要是控制燃料型 NO_x。煤的含氮量较气体和液体燃料高很多,且使用量大,因此,低 NO_x 燃烧技术大部分针对燃煤锅炉。

低 NO_x 燃烧技术主要有:对热力型 NO_x,降低反应温度,缩短在高温区的停留时间;对燃料型 NO_x,选用 N 含量较低的燃料,在富燃料($\alpha<1$)条件下降低炉内的过剩空气系数,能在很大程度上抑制燃料型 NO_x 的生成。具体措施有:低过量空气燃烧、空气分级燃烧、燃料分级燃烧、烟气再循环和低 NO_x 燃烧器等。

一、低过量空气燃烧

低过量空气燃烧是传统常用的低氮燃烧技术。图 6-1 是使燃烧过程尽可能在接近理论空气量的条件下进行,随着烟气中过量氧的减少,可以抑制 NO_x 的生成。这是一种最简单的降低 NO_x 排放的方法,一般可降低 NO_x 排放 15%～20%。我国燃用烟煤的电站,锅炉多数设计在过剩空气数 $\alpha=1.17\sim1.20$(氧浓度为 3.5%～4.0%)下运行,如炉内氧浓度过低(3%以下),会造成 CO 浓度急剧增加,增加化学不完全燃烧热损失,引起飞灰含碳量增加,燃烧效率下降。因此在锅炉设计和运行时,应选取最合理的过剩空气系数。

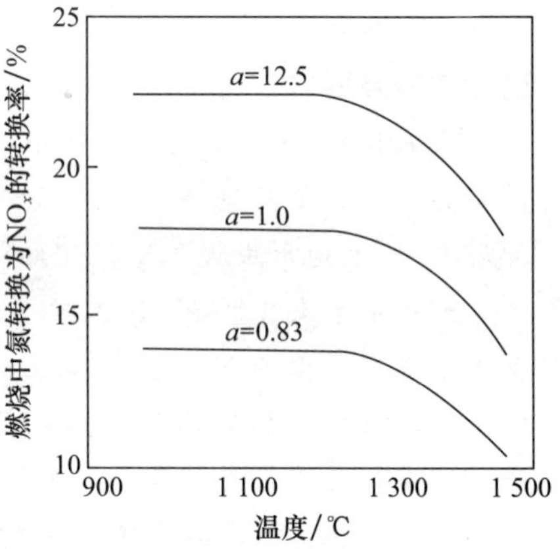

图 6-1 过剩空气系数对 NO_x 生成量的影响(煤种:褐煤)

二、空气分级燃烧

将燃烧所需的空气分成两级送入,使燃烧分两级完成,燃烧室分级燃烧如图 6-2 所示。一级空气与燃料一起送入燃烧室,燃煤、燃油时约为所需空气总量的 80%,燃气时约为 70%。由于燃料先在缺氧的富燃料条件下燃烧,燃烧区内的燃烧速度和温度水平降低,同时抑制了燃料型 NO_x 和热力型 NO_x 生成。完全燃烧所需的二级空气在燃烧器附近适当位置送入,形成贫燃料的二级燃烧区,此时虽然空气量多,但燃烧温度已经降低,NO_x 生成量不大。分级燃烧的实质是偏离化学当量比的燃烧,NO_x 生成量可比常规燃烧降低 20%～40%。

组织分级燃烧要同时考虑 NO_x 控制和正常燃烧两个方面,应保证两级空气恰当的分配比例,以及炉内燃料与空气的充分混合。第一级燃烧区的空气过剩系数 α_1 越小,该区 NO_x 生成量越少。但 α_1 过低,会产生大量的 HCN、NH_3 和焦炭氮,虽然有利于 NO_x 的还原,但进入 $\alpha_2>1$ 的第二级燃烧区又被氧化生成 NO_x,最终使总的 NO_x 排放量增加。此外,α_1 过低或二级空气组织得不好、混合不良,还会使得不完全燃烧热损失及结渣和腐蚀的可能性增大。因此 α_1 一般不宜低于 0.7。

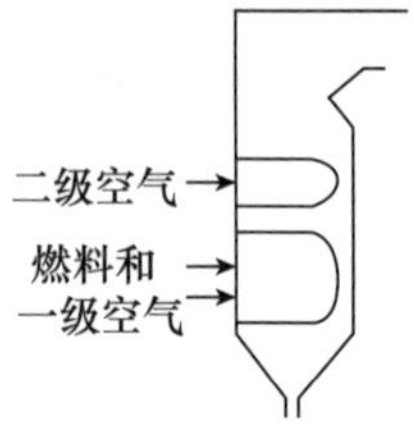

图 6-2 燃烧室分级燃烧示意

三、燃料分级燃烧

燃料分级燃烧也称再燃烧法或炉内还原技术，它是降低 NO_x 排放的诸多炉内方法中最有效的措施之一。NO_x 在遇到烃根 CH_i 以及未完全燃烧产物 CO、H_2、C 和 C_nH_m 时会发生 NO_x 的还原反应。利用这一原理，把炉膛高度自下而上依次分为主燃区、再燃区和燃尽区，如图 6-3 所示。燃料分级送入炉膛，将 80%～85%的主燃料喷入主燃区，在过剩空气系数 $\alpha>1$ 的条件下燃烧生成 NO_x；将 15%～20%的再燃燃料在主燃区上部的合适位置喷入再燃区，在 $\alpha<1$ 的条件下形成较强的还原性气氛。再燃区不仅能还原已经生成的 NO_x，同时可以抑制新 NO_x 的生成，进一步降低 NO_x 的排放。配合再燃区上面布置的燃尽风（OFA）可以形成第三级燃烧区，即燃尽区，以使再燃区生成的未完全燃烧产物燃尽。一般情况下，采用燃料分级燃烧法可使 NO_x 的排放浓度降低 50%以上。

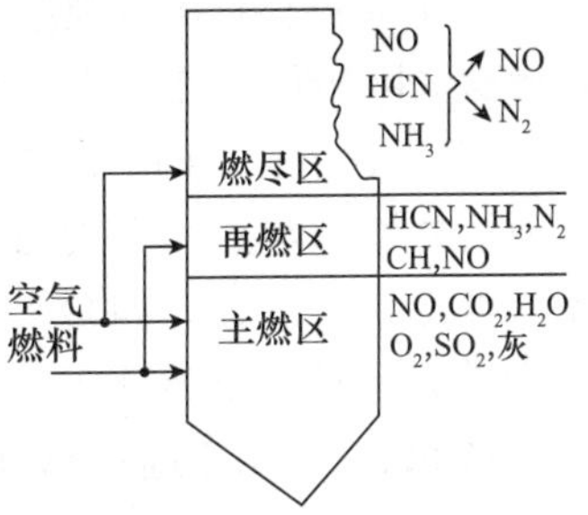

图 6-3 燃料分级燃烧原理示意

为了获得更高的脱硝效率，将燃料分级燃烧和选择性非催化还原（SNCR）相结合，将氨水或尿素作为氮催化剂喷入再燃区或燃尽区，以进一步降低 NO_x，称之为先进再燃（advanced reburning）。先进再燃的脱硝效率可达 80%以上，其技术示范应用于美国的 105MW NYSEG Greenidge 电站。而将碱金属盐类（主要指 Na 盐）作为催化剂和氨同时喷入再燃区或燃尽区，称之为改良先进再燃（promoted AR），其脱硝效率有望达到 95%。

四、烟气再循环

烟气再循环也是常用的在燃烧中降低 NO_x 排放量的方法之一。该技术是将锅炉尾部 10%～30%的低温烟气（温度为 300～400 ℃）经烟气再循环风机回抽（多在省煤器出口位置引出）并混入助燃空气中，经燃烧器或直接送入炉膛或与一次风、二次风混合后送入炉内，从而降低燃烧区域的温度，同时降低燃烧区域氧的浓度，最终降低 NO_x 的生成量，并具有防止锅炉结渣的作用。但采用烟气再循环会导致不完全燃烧热损失加大，而且炉内燃烧不稳定，所以不能用于难燃烧的煤种（如无烟煤等）。

该法降低 NO_x 的效果与烟气再循环率 r（再循环排烟量与无再循环排烟量之比）和燃料品种有关。研究表明，当 r 小于 20%～30%这个范围时，NO_x 排放量随 r 增大明显减少，r 大于这个范围后，NO_x 排放量基本不再减少，而且过大的 r 还会因炉温太低造成脱火和燃烧不稳定，增加不完全燃烧热损失。采用此法对油、气炉效果明显，$r=15\%\sim20\%$时，采用不同燃料 NO_x 排放浓度下降值为：燃煤炉约 5%，燃油炉 10%～30%，燃天然气炉约 35%。当再循环率在一定范围内，烟气再循环可增大燃烧器出口速度，加强燃料和空气混合，有助于改善燃烧，因此该法常与分级燃烧法结合使用。

五、低 NO_x 燃烧器

低 NO_x 燃烧器（low NO_x burner，LNB）是通过设计特殊结构的燃烧器，改变燃烧器的风煤比例，以达到在燃烧器着火区的空气分级、燃烧分级和烟气再循环的目的。该技术的使用可以在保证煤粉着火燃烧的同时，有效地抑制 NO_x 的生成。世界各国的大锅炉公司分别发展

了各种类型的低 NO_x 燃烧器，NO_x 降低率一般在 30%～60%。

煤粉燃烧器主要有直流型和旋流型两种。目前，我国主要采用直流型燃烧器，采用旋流型燃烧器的锅炉只占总容量的 20%。

低 NO_x 直流燃烧器多采用浓淡燃烧技术降低 NO_x 的排放，称为浓淡燃烧器。其工作原理是使用上下靠得很近的燃料喷口形成偏离化学当量比的燃烧。即一部分燃料在 $\alpha<1$ 条件下过浓燃烧，由于缺氧，燃烧温度比通常低，燃料型 NO_x 和热力型 NO_x 都减少；另一部分燃料在 $\alpha>1$ 条件下过淡燃烧，由于空气量大，燃烧温度低，热力型 NO_x 降低。

实现煤粉浓淡燃烧方式的关键是将一次风煤气流中的煤粉分离成浓淡两股风煤气流。四角切圆直流燃烧器多采用离心分离原理，分叉弯管是一种简单的分离器(图 6-4)。煤粉气流由于离心作用向上支管浓集，于是两个喷口分别形成过浓和过淡火焰，在喷口上方还有二次风。当然也可通过分离作用，在炉膛水平方向形成中心富燃料和外围贫燃料的分区燃烧。还有其他的煤粉浓缩方法，如旋风分离浓缩、百叶窗锥形轴向浓缩及管内加装偏流导向器浓缩等。

图 6-4　煤粉浓淡燃烧器示意

圆形旋流燃烧器通常采用空气分级燃烧技术，它分两次或多次供入空气进行分段燃烧。一次空气通入，在燃料出口附近形成富燃区，抑制了燃料 NO_x 生成；其余空气是从燃烧器周围的一些空气喷口送入，与未燃尽燃料混合，继续燃烧并形成燃尽区。图 6-5 为空气分级低 NO_x 燃煤燃烧器工作原理，煤粉与空气分三段混合，形成三个空气过剩系数(α)不同的燃烧区。这类燃烧器结构复杂、阻力大，运行、维修费用高。

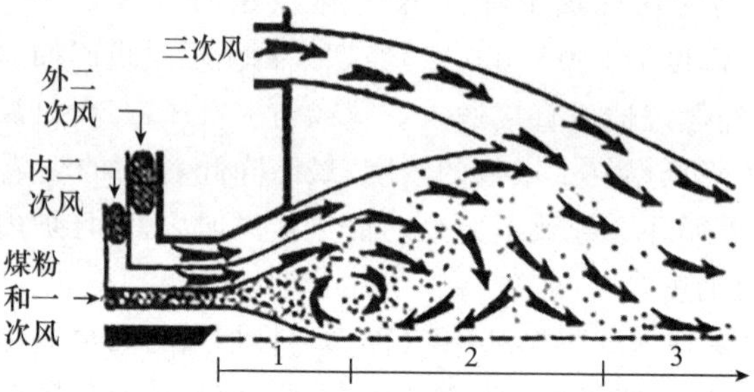

图 6-5　空气分级低 NO_x 燃煤燃烧器工作原理

1—富燃区(α=0.4)；2—二次燃烧区(α=0.7)；3—燃尽区(α=1.2)

任务二　烟气脱硝技术

烟气脱硝是 NO_x 控制措施中最重要的方法。脱硝技术可分为干法、湿法和干-湿结合法三大类：干法又可分为选择性催化还原法、选择性非催化还原法、吸附法、高能电子活化氧化法等；湿法又可分为水吸收法、络合吸收法、稀硝酸吸收法、氨吸收法、亚硫酸铵法等；干-湿结合法是催化氧化和相应的湿法结合的一种脱硝方法。目前工业应用较多的主要是选择性催化还原法、选择性非催化还原法。

一、选择性催化还原法

催化还原法是在催化剂作用下，利用还原剂将 NO_x 还原为氮气。根据还原剂是否与 O_2 发生反应，分为选择性催化还原法和非选择性催化还原法。

选择性催化还原法 SCR（selective catalytic reduction）是以氨（NH_3）作为还原剂喷入废气，在铂或非重金属催化剂的作用下，在较低温度下，将 NO_x 还原成 N_2 和 H_2O。这种方法所谓的选择性是指 NH_3 具有选择性，它只与 NO_x 进行反应，而不与氧发生反应。因其脱除 NO_x 的效率高，一般为 80%～90%，还原剂用量少，得到最广泛应用。

1.反应原理

选择性催化还原是在金属催化剂的作用下，喷入的氨（NH_3）把烟气中的 NO_x 还原成 N_2 和 H_2O。SCR 的化学反应机理比较复杂，但主要的反应是 NH_3 在一定的温度和催化剂的作用下，有选择地把烟气中的 NO_x 还原为 N_2。

$$4NH_3+4NO+O_2 \rightarrow 4N_2+6H_2O$$

$$8NH_3+6NO_2 \rightarrow 7N_2+12H_2O$$

潜在副反应包括：

$$4NH_3+5O_2 \rightarrow 4NO+6H_2O$$

$$4NH_3+3O_2 \rightarrow 2N_2+6H_2O$$

2.工艺流程

SCR 工艺流程示意如图 6-6 所示。锅炉出来的含有 NO_x 的烟气经过省煤器后，与经过空气稀释过的氨气在 SCR 反应器中发生反应，生成氮气和水，脱硝后烟气再经过除尘等净化处理，之后经引风机排放。

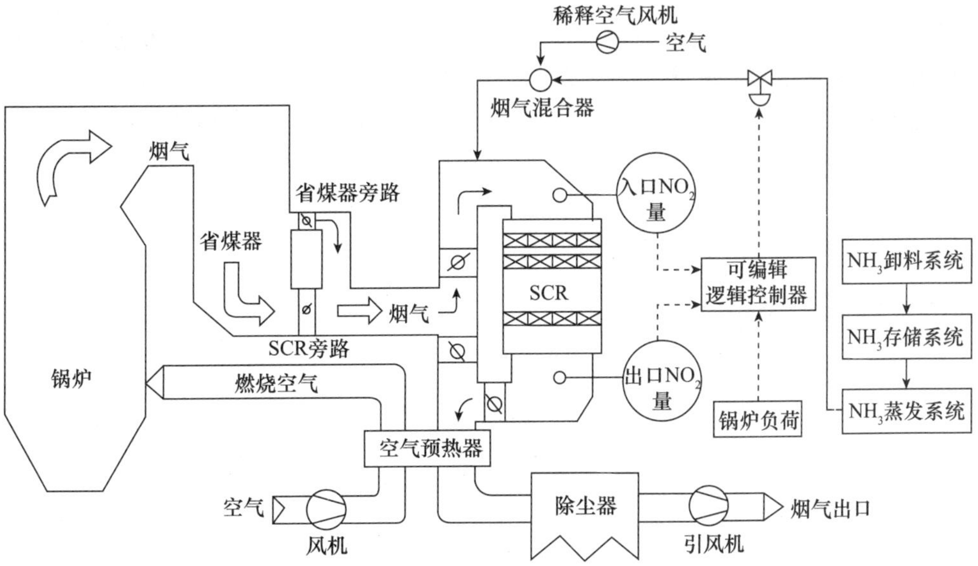

图 6-6 SCR 工艺流程示意

3.脱硝效率影响因素

(1)反应温度。采用某种催化剂,如铜铬催化剂,当上述反应的温度改变时,可能发生一些不利于 NO_x 还原的副反应,尤其当温度较高时。例如,发生 NH_3 分解为 N_2 和 H_2 的反应,使还原剂减少,或者 NH_3 被 O_2 氧化为 NO 的反应。这些反应发生在 350 ℃以上,超过 450 ℃变得激烈,温度再高,还能再生成 NO_2,从而使 NO_x 的还原率下降。而在 200～350 ℃,NH_3 与 O_2 只生成 N_2 和 H_2O,NO_x 的还原率随着反应温度的升高而增大。研究表明,温度低于 200 ℃,可能生成硝酸铵(NH_4NO_3)和有爆炸危险的亚硝酸铵(NH_4NO_2),严重时会堵塞管道。可见,温度对 SCR 工艺极为重要,应实施严格控制。SCR 的最佳温度为 300～400 ℃,这时仅有主反应能够进行。

(2)催化剂。上述反应如果没有催化剂的作用,只有在很窄的高温范围内(989 ℃左右)进行,而采用催化剂时,其反应温度可以大幅度降低。显然,不同的催化剂具有不同的活性,因而反应温度和脱硝效果也有差异。应选择合适的催化剂和控制反应温度,使主反应速度大大超过副反应的速度,则有利于 NO_2 的脱除。目前,大都采用非贵金属作催化剂,如 Al_2O_3 为载体的铜铬催化剂、TiO_2 为载体的钒钨和亚铬酸铜催化剂、氧化铁载体催化剂等,贵金属催化剂多采用铂。

(3)还原剂用量。还原剂 NH_3 的用量一般用 NH_3 与 NO_2 的摩尔比来衡量,不同的催化剂有不同的 NH_3/NO_x 范围。当这个比值过小时,反应不完全,NO_x 脱除率低。在一定范围内,脱除率随 NH_3/NO_x 值增大而上升。但 NH_3/NO_x 值过大则对脱除率无明显影响,且增加未反应氨的泄漏或排放,造成二次污染,也使还原剂耗量增加。

(4)空间速度。空间速度标志废气在反应器内的停留时间,一般由实验确定。空间速度过小,催化剂和设备利用率低;空间速度过大,气体和催化剂的接触时间短,反应不充分,则 NO_x 脱除率下降。

废气中氧含量以及 NO_x 浓度对脱除率没有明显的影响。

(5)布置方式。SCR 装置用于锅炉烟气脱硝有不同的布置方式,各有优缺点:①高灰装置,按 SCR—空气预热器—电除尘器—FGD 次序布置,烟气温度(300～400 ℃)满足反应要求,但催化剂处于高尘烟气中,易污染中毒或失效;②低灰装置,按电除尘器—SCR—空气预热器—FGD 次序布置,反应温度合适,但高温高效除尘困难;③尾部装置,按空气预热器—电除尘器—FGD—SCR 次序布置,催化剂活性和利用率高、寿命长,且可自由控制反应温度,但烟气进入 SCR 之前需要再加热,能耗增加。

二、选择性非催化还原法

选择性非催化还原(SNCR)是指无催化剂的作用下,在适合脱硝反应的"温度窗口"内喷入还原剂,将烟气中的氮氧化物还原为无害的氮气和水。该技术一般采用炉内喷氨、尿素或氢氨酸作为还原剂还原 NO_x。还原剂只和烟气中的 NO_x 反应,一般不与氧反应。该技术不采用催化剂,所以被称为选择性非催化还原法。

1.SNCR 工艺流程

图 6-7 为 SNCR 工艺流程示意图,它由还原剂贮槽、多层还原剂喷入装置和与之相匹配的控制仪表等组成。SNCR 反应物贮存和操作系统同 SCR 系统是相似的,但它所需的氨或尿

素的量比 SCR 工艺要高一些。

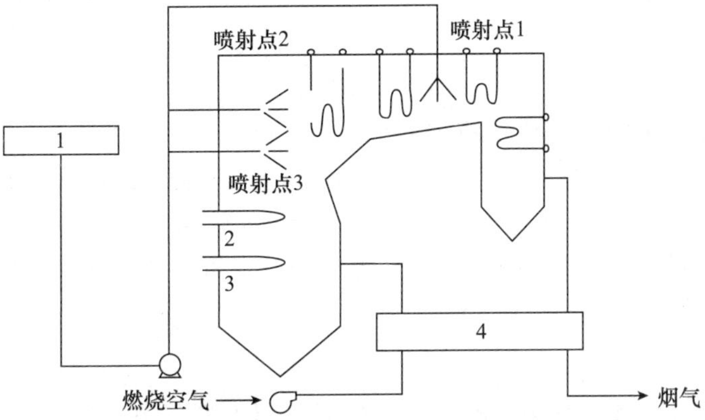

图 6-7 SNCR 工艺流程示意

1—氨或尿素贮槽；2—燃烧器；3—锅炉；4—空气加热器

2.脱硝原理

研究发现，在炉膛 900～1 100 ℃这一狭窄的温度范围内，在无催化剂作用下，NH_3 或尿素等氨基还原剂可选择性地还原烟气中的 NO_x，基本上不与烟气中的 O_2 作用，据此发展了 SNCR 法。在 900～1 100 ℃，NH_3 或尿素还原 NO_x 的主要反应为：

NH_3 为还原剂：$4NH_3+4NO+O_2 \rightarrow 4N_2+6H_2O$

尿素为还原剂：$2(NH_4)_2CO+4NO+O_2 \rightarrow 4NH_2+2CO_2+4H_2O$

当温度更高时，NH_3 则会被氧化为 NO，即

$$4NH_3+5O_2 \rightarrow 4NO+6H_2O$$

在 SNCR 工艺中，最主要的是炉膛上喷入点的选取，即温度窗口（temperature window）的选择。依据还原剂类型和 SNCR 工艺运行的条件，一个有效的温度窗口常发生在 900～1 100 ℃。

在锅炉中的相应温度区喷入还原剂，并保证与烟气良好混合，否则未充分反应的 NH_3 遇到 SO_3 会生成 $(NH_4)_2SO_4$，易造成空气预热器堵塞，并有腐蚀危险。SNCR 法不需要催化剂，还原剂不与 O_2 反应，使催化床温度较低，避免了 SCR 法的一些技术问题；但还原剂耗量大，NO_x 脱除率低，一般为 30%～50%，有报道达 60%～80%。

三、非选择性催化还原法

该法是在贵金属铂、钯等催化剂作用下，反应温度为 550～800 ℃时，用 H_2、CH_4、CO 或由它们组成的燃料气作为还原剂，将废气中的 NO_x 还原为 N_2，同时，还原剂发生氧化反应生成 CO_2 和 H_2O。该法 NO_x 脱除率可达 90%，但还原剂耗量大，需采用贵金属催化剂并装设热回收装置，费用高。此外，还原剂发生氧化反应时导致催化剂层温度急剧升高，工艺操作复杂。因此，非选择性催化还原法逐渐被淘汰，多改用选择性催化还原法。

四、液体吸收法

用水或其他溶液吸收 NO_x 的方法较多，在硝酸厂和金属表面处理行业中应用广泛。湿法

工艺及设备简单、投资少，能够以硝酸盐等形式回收 NO_x 中的氮，但由于 NO 极难溶于水或碱溶液，吸收效率一般不很高。可以采用氧化、还原或络合吸收的办法以提高 NO 的净化效果。下面进行简要介绍。

1.水吸收法

水吸收 NO_x 时，与 NO_2 反应生成硝酸（HNO_3）和亚硝酸（HNO_2）。生成的 HNO_2 很不稳定，快速分解后会放出部分 NO。常压时 NO 在水中的溶解度非常低，0 ℃时为 7.34 mL/100 g 水，沸腾时完全逸出，它也不与水发生反应。因此常压下该法效率很低，不适用于 NO 占总 NO_x 95%的燃烧废气脱硝。提高压力（约 0.1 MPa）可以增加对 NO_x 的吸收率，通常作为硝酸工厂多级废气脱硝的最后一道工序。

2.酸吸收法

普遍采用的是稀硝酸吸收法。由于 NO 在 12%以上硝酸中的溶解度比在水中大 100 倍以上，可用硝酸吸收 NO_x 废气。硝酸吸收 NO_x 以物理吸收为主，最适用于硝酸尾气处理，因为可将吸收的 NO_x 返回原有硝酸吸收塔回收为硝酸。影响吸收效率的主要因素如下。①温度。温度降低，吸收效率急剧增大。温度从 38 ℃降至 20 ℃，吸收率由 20%升至 80%。②压力。吸收率随压力升高而增大。吸收压力从 0.11 MPa 升至 0.29 MPa 时，吸收率由 4.3%升至 77.5%。③硝酸浓度。吸收率随硝酸浓度增大呈现先增加后降低的变化，即有一个最佳吸收的硝酸浓度范围。当温度为 20～24 ℃时，吸收效率较高的硝酸浓度范围为 15%～30%。此法工艺流程简单，操作稳定，可以回收 NO_x 为硝酸；但气液比较小，酸循环量较大，能耗较高。我国硝酸生产吸收系统本身压力低，故至今未用于硝酸尾气处理。

3.碱液吸收法

该法的实质是酸碱中和反应。在吸收过程中，首先，NO_2 溶于水生成硝酸（HNO_3）和亚硝酸（HNO_2）；气相中的 NO 和 NO_2 生成 N_2O_3，N_2O_3 也将溶于水而生成 HNO_2。然后 HNO_3 和 HNO_2 与碱（NaOH 等）发生中和反应生成硝酸钠（$NaNO_3$）和亚硝酸钠（$NaNO_2$）。对于不可逆的酸碱中和反应，可不考虑化学平衡，碱液吸收效率取决于吸收速度。

研究表明，对于 NO_2 浓度在 0.1%以下的低浓度气体，碱液吸收速度与 NO_2 浓度的平方成正比。对于较高浓度的 NO_x 气体，吸收等分子的 NO 和 NO_2 比单独吸收 NO_2 具有更大的吸收速度。因为 $NO+NO_2$ 生成的 N_2O_2 溶解度较大。当 NO_x 的氧化度（NO_2/NO_x）为 50%～60%（即 $NO_2/NO=1$～1.3）时，吸收速度最大。可采用先将 NO 氧化，再用碱液回收 NO_x 以提高吸收效率。由于低浓度下 NO 的氧化速度非常缓慢，NO 的氧化速度成为吸收 NO_x 效率的决定因素。氧化方法有直接氧化和催化氧化两种，氧化剂包括液相氧化剂和气相氧化剂。液相氧化剂有 HNO_3、$KMnO_4$、$NaClO_2$、NaClO、H_2O_2、$K_2Cr_2O_7$ 等的水溶液；气相氧化剂有 O_2、O_3、Cl_2 和 ClO_2 等。硝酸氧化时成本较低，国内硝酸氧化-碱液吸收工艺已用于实际生产，其他氧化剂因成本高，国内很少采用。

碱液吸收法广泛用于我国的 NO_x 废气治理，其工艺流程和设备较简单，还能将 NO_x 回收为有用的亚硝酸盐、磷硝酸盐产品，但一般情况下吸收效率不高。考虑到价格、来源、不易堵塞程度和吸收效率等原因，碱吸收液主要采用 NaOH 和 Na_2CO_3，尤以 Na_2CO_3 使用更多。但 Na_2CO_3 效果较差，因为 Na_2CO_3 吸收 NO_x 的活性不如 NaOH，而且吸收时产生的 CO_2 将影响 NO_2，特别是 N_2O_2 的溶解。

五、联合脱硫脱硝技术

1.SNO_x 联合脱硫脱硝技术

由丹麦 Haldor Topsoe 公司开发的 SNO_x（Sulfur and NO_x abatement）联合脱硫脱硝技术，是将 SO_2 氧化为 SO_3 后制成硫酸回收，并用选择性催化还原法 SCR 去除 NO_x。此工艺可脱除 95％的 SO_2、90％的 NO_x 和几乎所有颗粒物，除需要用氨还原 NO_x 外，不消耗任何其他化学品，不产生废水、废物等二次污染物，同时还能回收硫酸，并利用余热提高锅炉效率。

300MW 燃煤电厂的 SNO_x 工艺流程如图 6-8 所示，净化装置在空气预热器之后。烟气流程为：首先，烟气经空气预热器和冷却器降温至 200 ℃后进入袋式除尘器，使含尘量降至小于10 mg/m^3；接着，烟气在换热器中被 SO_2 转化器来的高温烟气加热至 380 ℃后，进入 SCR 反应器，氨的选择性催化反应将脱去 90％的 NO_x；然后，烟气在加热器中被燃料气或过热蒸汽提供的热能加热至 420 ℃，进入 SO_2 转化器，使其中 95％～96％的 SO_2 氧化成 SO_3；最后，烟气被冷却至 255 ℃进入空冷式降膜冷凝器（WSA），再用空气冷却至 90～100 ℃，则烟气中的 SO_3 水合物冷凝成浓度为 95％硫酸回收。SNO_x 装置回收热能有：排烟温度低于普通锅炉，SCR 催化还原反应放热及生成硫酸凝结时放热。

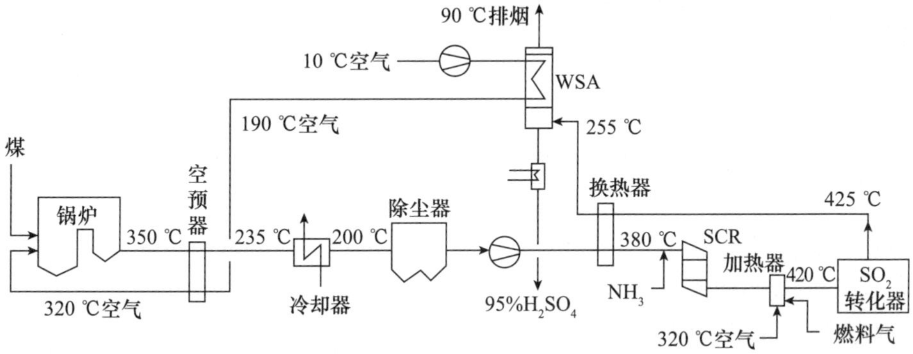

图 6-8 300MW 燃煤电厂的 SNO_x 工艺流程

2.$DESONO_x$ 联合脱硫脱硝技术

由德国 Degussa 等公司共同开发的 $DESONO_x$ 联合脱硫脱硝工艺，除了将烟气中的 SO_2 转化为 SO_3 后制成硫酸，以及用 SCR 除去 NO_x 外，还能将 CO 及未燃烧的烃类物质氧化为 CO_2 和水。该净化装置位于电除尘器后。160 ℃的烟气进入燃用天然气的燃烧器，烟气加热至反应温度（400～460 ℃）后进入 $DESONO_x$ 反应器，在反应器的第一段，NO_x 被还原，在反应器的第二段，SO_2、CO 和烃类物质被氧化。然后，富含 SO_3 的烟气在冷凝器中冷却并与水反应生成硫酸凝结，进入洗涤器用循环硫酸吸收未反应的 SO_3，可使 30％的硫酸浓缩到 95％。此工艺脱硫脱硝效率高，没有二次污染，技术简单，投资及运行费用低，适用于老厂的改造。

3.活性炭联合脱硫脱硝技术

反应器为两段移动床。除尘冷却后，温度为 90～150 ℃的烟气进入第一段活性炭床层（上段），SO_2 被催化氧化，与水反应生成 H_2SO_4，被活性炭吸附，脱除 90％的 SO_2。在两段之间喷入氨，和烟气混合后进入第二段（下段），NO_x 被催化还原，同时进一步脱除 SO_2。载有 H_2SO_4

的活性炭，由反应器底部送入脱附器，加热至温度 400～450 ℃时，吸附在活性炭上的 H_2SO_4 放出 SO_3，可进一步加工成硫。脱附后的活性炭被空气冷却，筛除细粉后循环使用。该工艺可脱除 98%的 SO_2 和 80%的 NO_x。

练习题

一、选择题

1.SCR 脱硝系统采用(　　)法脱硝装置，布置于低温省煤器和回转式空预器之间。

A.选择性催化还原　　B.选择性非催化还原

C.分解反应　　D.置换反应

2.火电厂烟气中氮氧化物有多种形式，其中所占比例最大的 NO_x 是指(　　)。

A.NO　　B.NO_2　　C.N_2O_3　　D.N_2O

3.关于脱硝氨氮摩尔比的理解正确的是(　　)。

A.所加氨与脱除氮氧化物的质量比

B.所加氨与脱除氮氧化物的摩尔比

C.所加氨与入口氮氧化物的摩尔比

D.所加氨与入口氮氧化物的质量比

4.目前火电厂烟气脱硝技术采用最为广泛的技术是(　　)。

A.SCR 选择性催化还原技术　　B.SNCR 选择性非催化还原技术

C.EBA 电子束照射法　　D.液体吸收法和活性炭吸附法

5.用碱液吸收法脱硝时，最常用的吸收剂是(　　)。

A.NaOH　　B.Na_2CO_3　　C.$Ca(OH)_2$　　D.氨水

6.不论采用何种燃烧方式，要有效降低氮氧化物生成的途径是(　　)。

A.降低燃烧温度，增加燃料的燃烧时间

B.降低燃烧温度，减少燃料的燃烧时间

C.提高燃烧温度，增加燃料的燃烧时间

D.提高燃烧温度，减少燃料的燃烧时间

7.选择性催化还原法 SCR 脱硝装置，布置于(　　)之后。

A.低温过热器　　B.高温省煤器

C.低温省煤器　　D.空气预热器

8.氮氧化物(　　)，空间速度应该越低，即烟气在催化剂中的滞留时间越长。

A.脱除效率越高　　B.脱除效率越低　　C.不一定

9.烟温过高、过低都会(　　)催化剂的寿命。

A.升高　　B.降低　　C.不影响

二、简答题

1.低 NO_x 燃烧技术主要有哪些？

2.选择性催化还原与选择性非催化还原净化氮氧化物的主要区别是什么？

3.影响选择性催化还原净化氮氧化物的因素有哪些？

项目七 挥发性有机物污染控制技术

项目内容及要求：

近年来我国挥发性有机化合物（VOCs）排放量仍呈增长趋势，对大气环境影响日益突出。环境保护部第七轮次"2＋26"城市大气污染防治强化督查发现，VOCs 问题最突出，占本轮次检查发现问题总数的 38.6%。VOCs 成分复杂，不仅本身具有较强毒性，还是影响我国区域大气复合污染的重要前体物和参与物。因此，控制 VOCs 对改善我国大气环境质量具有重要意义。

我国 VOCs 治理市场起步较晚，目前对 VOCs 的处理效果还有待提高，缺少 VOCs 治理人才。VOCs 废气组分复杂，治理技术多样，适用性差异大，技术选择和系统匹配性要求高，较常用的工艺主要有燃烧法、冷凝法、吸附法等。

知识目标：

1.了解 VOCs 的污染预防；

2.熟悉燃烧法控制 VOCs 污染；

3.掌握冷凝法、吸附法控制 VOCs 污染。

能力目标：

能够根据 VOCs 的浓度和特性提出治理措施，拟订治理方案。

任务一 VOCs 污染预防

一、VOCs 污染现状

（一）VOCs 定义

VOCs 是挥发性有机化合物（volatile organic compounds）的英文缩写。其定义有好几种，例如，美国 ASTM D3960-98 标准将挥发性有机化合物定义为任何能参加大气光化学反应的有机化合物。美国环境保护署（EPA）的定义：挥发性有机化合物是除 CO、CO_2、H_2CO_3、金属碳化物、金属碳酸盐和碳酸铵外，任何参加大气光化学反应的碳化合物。世界卫生组织（WHO，1989）对总挥发性有机化合物（TVOC）的定义为，熔点低于室温而沸点在 50～260 ℃的挥发性有机化合物的总称。有关色漆和清漆通用术语德国 DIN 55649-2000 标准对 VOC 的定义是，原则上，在常温常压下，任何能自发挥发的有机液体和/或固体。同时，德国 DIN 55649-2000 标准在测定 VOC 含量时，又做了一个限定，即在通常压力条件下，沸点或初馏点低于或等于 250 ℃的任何有机化合物。

在我国，VOCs 是指常温下饱和蒸汽压大于 70.91 Pa、标准大气压 101.3 kPa 下沸点小于 260 ℃的有机化合物，或在常温常压下任何能挥发的有机固体或液体。

（二）VOCs 的环境危害性

VOCs 的环境危害性主要体现在以下几方面：

1.大多数 VOCs 有毒，部分 VOCs 有致癌性

VOCs 通过呼吸道和皮肤进入人体后，可能给人的呼吸、血液、肝脏等系统和器官造成暂时性病变。超过一定浓度时，会刺激人的眼睛和呼吸道，使皮肤过敏、咽痛与乏力，严重时会引起机体免疫力水平失调，影响中枢神经系统功能，损害消化系统、肝功能和造血系统等。腈类可造成呼吸困难、严重窒息、意识丧失直至死亡；苯胺类进入人体可造成缺氧症；有机磷化合物会降低血液中胆碱酯酶的活性，使神经系统发生功能障碍等。

大气中的某些苯、多环芳烃、芳香胺、树脂化合物、醛和亚硝胺等有害物质对机体有致癌作用或者产生真性瘤作用；某些芳香胺、醛、卤代烷烃及其衍生物、氯乙烯等有诱变作用。

2.导致复合型污染

VOCs 是一种比较活泼的气体，在大气中虽然浓度不高，但对环境的影响却很大，对复合型大气污染的形成具有十分重要的促进作用。VOCs 是造成大气中臭氧等污染物浓度增加以及向二次有机颗粒物转化，最终形成 $PM_{2.5}$ 的重要原因。VOCs 在光照条件下能与氮氧化物发生光化学反应生成臭氧；同时也是 $PM_{2.5}$ 二次颗粒物的重要前体物，能够通过氧化、吸附、凝结等过程最终生成二次有机颗粒物。也就是说，VOCs、臭氧和 $PM_{2.5}$ 是彼此关联的。

2019 年 6 月 26 日印发的《重点行业挥发性有机物综合治理方案》中指出：近年来，我国 $PM_{2.5}$ 污染控制取得积极进展，尤其是京津冀及周边地区、长三角地区等改善明显，但 $PM_{2.5}$ 浓度仍处于高位，超标现象依然普遍，是打赢蓝天保卫战、改善环境空气质量的重点因子。京津冀及周边地区源解析结果表明，当前阶段有机物（OM）是 $PM_{2.5}$ 的最主要组分，占比达 20％～40％，其中，二次有机物占 OM 比例为 30％～50％，主要由 VOCs 转化生成。

同时，我国 O_3 污染问题日益显现，京津冀及周边地区、长三角地区、汾渭平原等区域 O_3 浓度呈上升趋势，尤其是在夏秋季节已成为部分城市的首要污染物。研究表明，VOCs 是现阶段重点区域 O_3 生成的主控因子。

3.形成光化学烟雾

VOCs 在阳光照射下，与大气中的氮氧化合物、碳氢化合物与氧化剂发生光化学反应，生成光化学烟雾，危害人体健康和作物生长。

4.易燃易爆

多数挥发性有机物易燃易爆，不安全。

VOCs 的危害见表 7-1。

表 7-1　VOCs 的危害

VOCs 名称	健康危害	注	环境危害
苯	损害神经系统和造血组织，引起血液中白细胞、血小板数量减少，长期接触可导致白血病。2007 年我国确定为 1 类致癌物	皮[①] G1[②]	有危害，对水体可致污染
苯胺	对血液和神经的毒性非常强烈，引起高铁血红蛋白血症、溶血性贫血和肝、肾损害	皮	有危害，对水体可致污染
苯乙烯	对眼和上呼吸道黏膜有刺激和麻醉作用	皮 G2B[③]	对水体、土壤和大气可致污染
丙烯腈	对呼吸中枢有直接麻醉作用	皮 G2B	严重危害，对水体可造成污染
二甲苯（全部异构体）	中等毒性，对眼及呼吸道有刺激，高浓度对中枢神经有麻醉作用	皮	挥发到大气中被光解，持久地存在于饮水中
二甲基酰胺	对皮肤、黏膜有刺激性，进入人体后可损伤中枢神经系统和肝、肾、胃等重要脏器	皮	对环境可有危害，对水体应予特别注意
二硫化碳	损害神经系统、心脏血管及生殖系统	皮	易被氧化成 SO_2，导致酸雨的形成
环氧乙烷	中枢神经抑制剂、刺激剂和原浆毒物，1 类致癌物	G1	有危害
甲苯	对皮肤、黏膜有刺激性，麻醉中枢神经系统，长期接触可发生神经衰弱综合征、肝肿大、月经异常等	皮	严重危害，对空气、水环境及水源可致污染
甲醛	损害呼吸道及内脏；2008 年确定为 1 类致癌物	皮 G1	室内空气污染，土壤污染可致地下水污染
氯苯	对中枢神经系统有抑制和麻醉作用，重者引起中毒性肝炎，个别可发生肾脏损害		有严重危害，对水体、土壤和大气可致污染
氯乙烯	损害中枢神经系统和肝，严重中毒昏迷、抽搐，甚至死亡，慢性中毒为神经衰弱综合征、肝肿大、肝功能异常、消化功能障碍及肢端溶骨症，为致癌物，致肝血管肉瘤	G1	参与光化学烟雾反应，被空气中氧所氧化成苯甲醚、甲醛及少量苯乙醇
硝基苯	吸入、摄入或皮肤吸收均可引起中毒。中毒典型症状是气短、眩晕、恶心、昏厥，最后会因呼吸衰竭死亡	皮 G2B	在水中极稳定，造成水污染会持续相当长时间
乙苯	对皮肤、黏膜有较强刺激性，高浓度有麻醉作用，可致肝损害	皮 G2B	有危害，在地表水体中挥发，与光化学烟雾反应

注：① 表示可因皮肤、黏膜和眼睛直接接触蒸气、固体和液体，通过完整的皮肤吸收引起全身效应；

② 确认人类致癌物；

③ 可疑人类致癌物。

(三)VOCs 的来源

VOCs 的污染源分为固定源和移动源。煤、石油和天然气,以煤、石油和天然气为燃料或原料的工业,以及与它们有关的化学工业是挥发性有机物产生的三大重要来源。例如,石油开采与加工,炼焦与煤焦油加工,煤矿、木材干馏,天然气开采与利用;化工生产,包括染料、涂料、农药、医药、炸药、石油化工、有机合成、溶剂、试剂、洗涤剂、黏合剂等生产工艺;各种有机物的燃烧与加热装置、运输装置和储存装置;燃煤、燃油、燃气锅炉与工业炉;油漆涂料的喷涂作业、使用有机黏合剂的作业;食品、油脂、皮革、毛的加工部门;粪便池、沼气池、发酵池及垃圾处理站等。

按照化学结构来讲,VOCs 可分为八类:烷类、芳烃类、烯类、卤烃类、酯类、醛类、酮类和其他。它的主要成分有烃类、卤代烃、氧烃和氮烃,包括苯系物、有机氯化物、氟利昂系列、有机酮、胺、醇、醚、酯、酸和石油烃化合物等。目前,已鉴别出 300 多种挥发性有机物,其中,美国环境保护署(EPA)所列的优先控制污染物名单中就有 50 多种是挥发性有机物。芳烃类、醇类、酯类、醛类等作为工业溶剂广泛应用,因此排放量很大。常见工业 VOCs 污染物见表 7-2。

表 7-2　常见工业 VOCs 污染物

污染物种类	主要代表物
烃类	苯、甲苯、二甲苯、正己烷、石脑油、环己烷、甲基环己烷、二氧杂环己烷、稀释剂、汽油等
卤代烃	三氯乙烯、四氯乙烯、三氯乙烷、二氯乙烷、三氯苯、三氯甲烷、四氯化碳、氟利昂类等
醛酮类	甲醛、乙醛、丙烯醛、糠醛、丙酮、甲乙酮(MEK)、甲基异丁基甲酮(MIBK)、环己酮等
酯类	醋酸乙酯、醋酸丁酯、油酸乙酯等
醚类	甲醚、乙醚、甲乙醚、四氢呋喃(THF)等
醇类	甲醇、乙醇、异丙醇、正丁醇、异丁醇等
聚合用单体	氯乙烯、丙烯酸、苯乙烯、醋酸乙烯等
酰胺类	二甲基甲酰胺(DMF)、二甲基乙酸铵等
腈(氰)类	氢氰酸、丙烯腈等

二、VOCs 检测

污染环节检测是工业企业 VOCs 整治的关键。常用检测方法见表 7-3。

表 7-3　VOCs 常用检测方法

分析方法	采样	特点
固体吸附-热脱附/气相色谱-质谱法	采用无油采样器采集空气样品	当采集样品 300 mL 时,最低检出浓度$\leqslant 0.5\times 10^{-9}$,采样时采样管容易被污染
气相色谱-质谱法(GC-MS)	使用采样罐采集空气样品	VOCs 湿度大会影响分析结果

三、VOCs 预防

(一)VOCs 污染源头控制

1.清洁生产

将综合预防的环境保护策略持续应用于生产过程和产品中,以期减少对人类和环境的风险。在生产过程中,注重物料回收,充分实现再回收、再利用,防止和减少污染产生。

2.原料替代

生产和生活中采用不含 VOCs 或低 VOCs 含量的原料,替代高 VOCs 含量的原料。比如鼓励符合环境标志产品技术要求的水基型、无有机溶剂型、低有机溶剂型的涂料、油墨和胶黏剂等的生产和销售;根据涂装工艺的不同,鼓励使用水性涂料、高固分涂料、粉末涂料、紫外光固化(UV)涂料等环保型涂料。

3.工艺改进

采用先进的工艺技术,减少 VOCs 排放量。比如在汽车涂装过程中使用封闭的机械喷涂工艺,用 3C1B 工艺代替传统的 3C2B 工艺等。

(二)VOCs 污染末端治理

VOCs 污染末端治理根据污染物是否回收利用,可分为回收利用技术和销毁技术。回收利用技术包括吸附法、冷凝法、吸收法、膜分离法等。销毁技术包括热力焚烧法、催化燃烧法、生物降解法、光催化降解法、等离子体技术等。

任务二　气体净化技术之吸附

吸附法是利用多孔性固体物质与污染物气体接触,使污染物在固体表面上积聚,从而使污染物从气体中分离出来的单元操作。能够被吸附到固体表面上的物质称为吸附质;能够吸附吸附质的固体物质称为吸附剂。吸附法净化气态污染物具有净化效率高、设备简单、操作方便、可回收有用物质、无二次污染等特点。

一、吸附原理

(一)吸附类型

吸附质之所以能被吸附在多孔固体的表面,这主要是由固体表面粒子存在着剩余的吸引力而引起的。根据吸附剂和吸附质之间发生吸附作用力的性质,通常可将吸附过程分为物理吸附和化学吸附。

1.物理吸附

当吸附剂与吸附质作用力为范德华力(即分子间力)时,称为物理吸附。由于固体吸附剂与气体分子之间普遍存在分子间引力,物理吸附对吸附的气体分子没有选择性。物理吸附是放热过程,吸附热较小,吸附剂与吸附质之间不发生化学反应,物质性质不发生变化,吸附进行速度较快,很快就能达到吸附平衡。吸附质往往是多层的,具有可逆性。

2.化学吸附

当吸附剂与吸附质作用力为化学键力时，称为化学吸附。吸附剂表面分子与吸附质之间靠化学键力而相互吸引，因而化学吸附对吸附质分子有较强的选择性，仅能吸附参与化学反应的某些气体分子。化学吸附进行缓慢，达到平衡需要时间长，吸附时发生化学反应，并在吸附剂表面生成新物质，吸附为放热过程，放热量较大，相当于化学反应热，吸附有选择性，往往是不可逆的，一般为单层吸附。

在实际吸附过程中，物理吸附和化学吸附常常同时存在，低温时主要以物理吸附为主，高温时主要以化学吸附为主。

(二)吸附过程和吸附平衡

吸附全过程由吸附和再生两个过程组成。扩散到吸附剂内表面的吸附质被吸附在其表面的过程称为吸附。被吸附的吸附质分子重新回到气相中的过程，称为脱附。

吸附和脱附同时进行，在吸附开始时，吸附速度大于脱附速度，以吸附为主。随着吸附的进行，脱附速度不断增加，当吸附速度与脱附速度相同时，达到吸附平衡。此时吸附与脱附并未停止，只不过同一时间的吸附量等于脱附量，处于一种动态平衡状态。此时，吸附剂不会再有吸附能力，为使吸附剂恢复其吸附能力，必须使吸附质从吸附剂表面脱除下来，这个过程就称为脱附，有时脱附后的吸附剂还必须经过活化才能恢复吸附能力。脱附和活化过程综合起来称为吸附剂的再生。

(三)影响吸附效果的因素

影响吸附效果的因素主要包括吸附剂性质、吸附质性质、吸附质浓度、操作条件等。

1.吸附剂性质

吸附剂的表面积越大，提供的吸附表面积越大，吸附能力越强。影响吸附剂表面积的结构因素包括吸附剂的孔径、孔隙率、粒度等。吸附主要发生在吸附剂的内表面上，孔穴越多，孔隙率越大，内表面积就越大，吸附性能也越好。

2.吸附质性质

一般来说，吸附质的分子质量越大、沸点越高、不饱和性越强，越容易被吸附。

3.吸附质浓度

吸附质浓度越高，吸附速度越快，但浓度太高，会导致吸附剂很快饱和失效。因此吸附法常用于浓度较低的污染物净化。

4.操作条件

操作条件主要包括温度、压力、气流速度等。提高温度，有利于化学吸附；降低温度，有利于物理吸附。增加压力有利于提高吸附效果，但会导致能耗增加，一般不采用。气流速度大小影响污染气体与吸附剂的接触时间，为了保证吸附完全，气流速度不宜太大。

二、吸附流程与操作

(一)吸附流程

常用的吸附流程主要有间歇式、半连续式和连续式三种形式。

1.间歇式吸附流程

间歇式吸附流程一般由单一吸附器组成，适用于废气量小、污染物浓度低、间断排出废气的场合。其特点是吸附剂达到饱和后，便从吸附装置中移走，不设再生装置，流程简单，设置方便。固定床吸附器可用于间歇式吸附流程。例如，吸附剂为细的焦炭颗粒，待吸附废气后即从吸附器卸出，然后吸附器再装入新的焦炭颗粒进行吸附。

2.半连续式吸附流程

半连续式吸附流程是应用最普遍的一种吸附流程，可用于间歇产生废气的场合，也可以用于连续操作。流程由2～3台吸附器构成，气体连续通过床层，当一台吸附器达饱和时，气体就切换到另一台吸附器进行吸附，而达到饱和的吸附床则进行再生。在这种流程中，气体是连续的，而每个吸附器是间断运行的。如果再生周期大于吸附周期，可以再增加一台吸附器用于吸附操作。特点是吸附剂反复使用，增大了单位吸附剂的处理废气量，吸附出的吸附质往往易于回收，可以减少排气中损失的物料量。

3.连续式吸附流程

连续式吸附流程是由连续运行的流化床或移动床吸附器构成，废气流和吸附剂都处于连续运转状态，特点是吸附和脱附再生同时进行，利于自动化操作。

(二)吸附操作注意事项

根据吸附操作的影响因素，在进行吸附操作时，应注意以下问题：

1.吸附剂

选择的吸附剂符合吸附要求，保证净化效果。

2.气流速度

操作时控制气流速度，既要保证吸附接触时间，又要尽可能提高速度，减小设备尺寸，降低成本。

3.温度

掌握好温度的变化，根据吸附原理，及时调整，保证最佳温度范围。

4.排气污染物浓度

实时在线监测排气中污染物的浓度，及时进行脱附和再生，保证达标排放。

(三)吸附剂

1.工业吸附剂的要求

用吸附法净化气态污染物时，吸附剂在吸附过程中起关键作用，虽然固体物质普遍具有吸附能力，但工业吸附剂应满足以下要求：

(1)具有巨大内表面积、较大吸附容量的多孔性物质；

(2)对不同的气体分子具有很强的吸附选择性；

(3)吸附能力大；

(4)使用寿命长，再生特性良好；

(5)具有足够的机械强度和对酸、碱、水、高温的适应性，用于物理吸附时要有化学稳定性；

(6)价格低廉,来源广泛。

2.常用的吸附剂

工业上常用的吸附剂有活性炭、硅胶、活性氧化铝、分子筛等。

(1)活性炭。活性炭是常用的吸附剂。由于它的疏水性,主要用于吸附湿空气中的有机溶剂、恶臭物质,以及烟气中的SO_2、NO_x或其他有害气体。活性炭是由煤、石油焦、木材、果壳等各种含碳物质,在低于773K温度下炭化后再用水蒸气进行活化处理得到的。它的颗粒形状有柱状、球状、粉末状等,具有比表面积大、吸附及脱附快、性能稳定、耐腐蚀等优点,但具有可燃性,使用温度一般不超过200 ℃。

(2)硅胶。硅胶具有很强的亲水性,它吸附的水分量可达自身质量的50%,吸湿后吸附能力下降,因此常用于含湿量较高气体的干燥脱水、烃类气体回收,以及吸附干燥后的有害废气。硅胶是将硅酸钠溶液(水玻璃)用酸处理后得到硅酸凝胶,再经水洗、干燥脱水制得的坚硬多孔的粒状无晶形氧化硅。

(3)活性氧化铝。活性氧化铝可用于气体和液体的干燥,石油气的浓缩、脱硫、脱氢,以及含氟废气的治理。含水氧化铝在严格控制的升温条件下,加热脱水便制成多孔结构的活性氧化铝,具有良好的机械强度。

(4)分子筛。分子筛被广用于废气治理中的脱硫、脱氮、含汞蒸气净化及其他有害气体的吸附。它是一种人工合成沸石,具有立方晶体的硅酸盐,属于离子型吸附剂。因其孔径整齐均匀,能选择性地吸附直径小于某个尺寸的分子,有很强的吸附选择性。由于分子筛内表面积大,吸附能力较强。

(四)吸附剂的再生

吸附剂吸附能力有限,当吸附剂达到饱和或接近饱和时,必须进行再生处理。常用的再生方法有加热解吸再生、降压或真空再生、吹扫再生、置换再生和化学转化再生等。

1.加热解吸再生

吸附剂的吸附量受到温度高低影响,温度升高会使吸附质从吸附剂表面脱落,使吸附量降低。因此,可采用热气流加热吸附达到或接近平衡的吸附床层,使吸附剂脱附,恢复原有吸附能力。

2.降压或真空再生

当外部压力低于吸附操作压力,吸附质会从吸附剂表面脱落并重新回到气相中,使吸附量降低。因此,采用降压或抽真空,使吸附剂脱附,恢复原有吸附能力。

3.吹扫再生

当不被吸附的吹扫气通过吸附床层时,由于降低了吸附质在气相中的分压,靠浓度推动力作用,吸附质会解吸出来。

4.置换再生

采用更容易被吸附的吹扫气通入吸附床层,可以置换已经被吸附的物质,达到脱附目的。

5.化学转化再生

向吸附床层通入某种能与被吸附物质反应的物质,生成一种不被吸附的新物质,达到脱附的目的。

三、吸附设备

目前常用的吸附净化设备有三种：固定床吸附器、移动床吸附器和流化床吸附器。

1.固定床吸附器

固定床吸附器是把吸附剂固定在吸附器的某些部位（如床层）上，气流通过吸附剂床层时，吸附剂保持静止不动的吸附装置，被净化气体通过床层时被吸附。固定床吸附器结构简单，造价低，吸附剂磨损小，操作易掌握，操作弹性大，可用于气相吸附，分离效果好，是最常用的吸附分离设备，适合于分散、间歇性的污染源处理。缺点是不利于自动化操作。

固定床吸附器按气体运动方式分为立式和卧式两种，立式气流上下运动，卧式气流水平运动。固定床吸附器按形状分为方形和圆形两种。立式固定床适用于浓度高、气体量小的废气，对于浓度低、气体量大的废气可采用卧式固定床。如果只有一台吸附器，需经吸附—脱附—干燥冷却的循环，吸附间歇进行。一般可采用两台或更多的固定床轮换进行吸附与再生操作，当一台吸附器正在进行吸附时，另一台同时进行脱附、干燥与冷却。

2.移动床吸附器

移动床吸附器（图 7-1）是吸附过程中吸附剂跟随气流流动完成吸附的装置。工作时吸附剂从设备顶部进入冷却器，降温后由分配板进入吸附段，借助重力作用不断下降，与从下部进入的气体充分接触，完成逆流接触吸附，净化后的气体从顶部排出。当吸附剂下降到气提段时，由底部引入的脱附气与其接触，将脱附的气体置换出来，最后进入再生器对吸附剂进行再生，再生后回到塔顶。

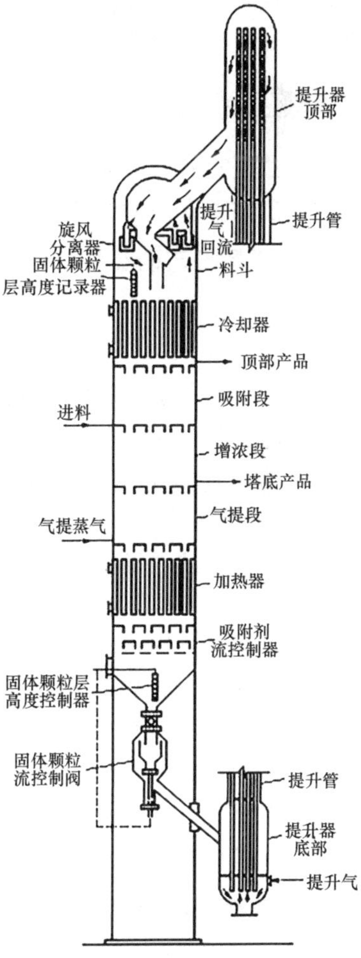

图 7-1　移动床吸附器

3.流化床吸附器

流化床吸附器由带有溢流装置的多层吸附器和移动式脱附器组成。废气从吸附器的下部引入，气体通过筛板向上移动，将吸附剂吹起，在吸附段完成吸附操作，吸附完成后的气体进入扩大段，降低气流速度，减少吸附剂的携带。完成吸附从底部另一端排出的吸附剂再生后，从顶部送回吸附段继续使用。

四、吸附法处理有机废气案例

1.技术规范

《吸附法工业有机废气治理工程技术规范》（HJ 2026—2013）由环境保护部科技标准司组织制定，自 2013 年 7 月 1 日起实施。

2.案例

某厂在生产中产生有机废气，主要成分为甲苯。以活性炭为吸附剂，有三个吸附器共同组成吸附系统。当吸附器A吸附时，吸附器B解附，吸附器C再生，吸附—解附—再生依次循环进行。有机废气从吸附器下部进入，有机物被活性炭吸附除去，净化达标后的气体从上部排出。脱附可采用蒸汽脱附，将脱附后得到的有机物分离回用。整个工艺全自动化运行，运行稳定可靠，能够保证有机废气处理效果。

任务三　气体净化技术之冷凝

一、冷凝原理

在混合气体中，不同组分的饱和蒸气压不同。气态污染物在不同温度和不同压力下表现出不同的饱和蒸气压，当降低温度或加大压力时，某些大气污染物饱和蒸气压减小，会凝结出来变成液态。冷凝法就是利用冷凝的原理，通过降温或加压的方式，使呈蒸气状态的有机物或无机物从混合气体中分离的过程。在一定温度下，一定组分的蒸气被冷凝时，开始出现液滴的温度称为该组分的露点。

二、冷凝工艺

冷凝法处理有害气体理论上可以采用降温或加压，但在实际应用中，多采用降温的方法。加压冷凝法需要专门的设备，操作能耗较高，一般较少采用。

（一）冷凝工艺的类型

降温冷凝工艺分为直接冷凝和间接冷凝两种。

直接冷凝（图7-2）主要采用喷淋塔、填料塔、板式塔、喷射塔等作为换热设备，有一定占地要求，冷媒与净烟气直接接触，换热效率高，冷却效果好，不仅可以降低废气温度，而且可以溶解有害组分。但系统较复杂，冷凝物质不易回收，且对排水要进行适当处理。

间接冷凝（图7-3）多采用管式换热器作为换热设备，将冷却介质与废气隔开，使其不互相接触，通过换热器将废气中的热量移除，使其冷却。列管式冷凝器、喷洒式蛇管冷凝器等均属这类设备。使用这类设备可回收被冷凝组分，冷媒与净烟气不直接接触，系统较简单，但冷却效率较差。

根据冷源的不同，冷凝技术又分为：水冷源、空气冷源和其他人工冷源。其中水冷源所构成的循环水系统最为简单，仅配置泵和循环管路，通常是开式循环，运行费用最低、占地小。采用空气冷源的系统通常循环水系统中需配置冷却塔，系统较水冷要复杂、占地大，新增的冷却塔会在靠近地面成为新的白烟生成源。其他人工冷源，如热泵，占地面积大，能耗高，其冷源的品质受季节影响较为明显，以华东地区为例，冬季和夏季环境温度相差20～30 ℃，因此同一套系统不同季节的冷凝效果会有较大差别。

（二）冷凝法的特点

冷凝法应用于碳氢化合物废气治理时，具有如下特点：

（1）冷凝净化法适于在下列情况下使用：

①处理高浓度废气，特别是含有害物组分单纯的废气；

②作为燃烧与吸附净化的预处理，特别是有害物含量较高时，可通过冷凝回收的方法减轻后续净化装置的操作负担；

③处理含有大量水蒸气的高温废气。

(2)冷凝净化法所需设备和操作条件比较简单，回收物质纯度高。

(3)冷凝净化法对废气的净化程度受冷凝温度的限制，要求净化程度高或处理低浓度废气时，需要将废气冷却到很低的温度，经济上不合算。

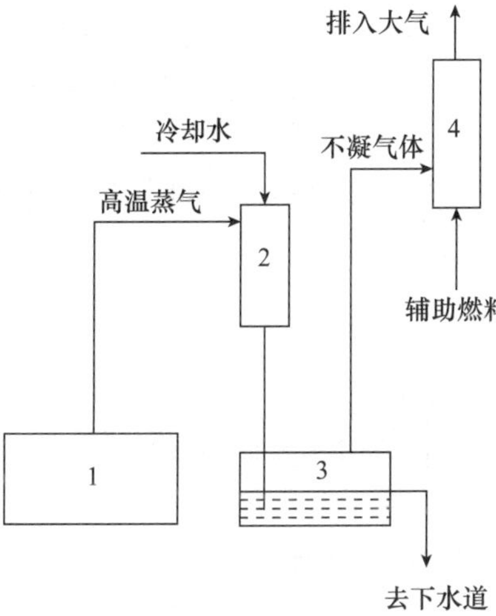

图 7-2 直接冷凝

1—真空干燥炉；2—接触冷凝器；3—热水池；4—燃烧净化炉

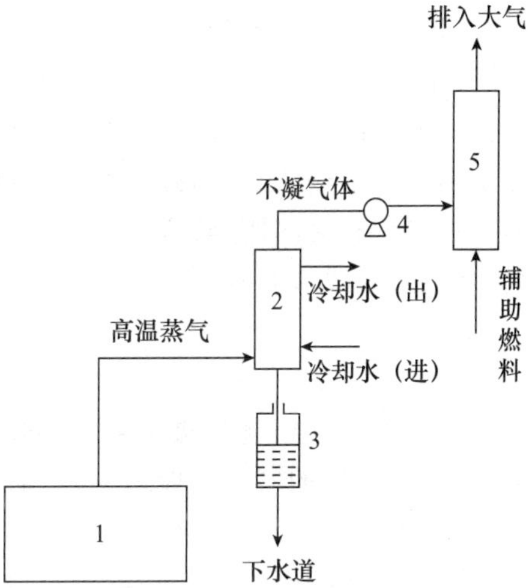

图 7-3 间接冷凝

1—真空干燥炉；2—冷凝器；3—冷凝液贮槽；4—风机；5—燃烧净化炉

三、冷凝法除 VOCs 案例

某厂在生产过程中产生大量乙醇、三丙酮胺、丙酮等挥发性有机物（VOCs），如果不经处理直接排放，将对周边环境造成严重影响。

为避免尾气无组织排放，将车间废气通过车间收集管道收集，将车间散逸废气通过集气罩收集，一同进入处理设施。生产过程中产生的带有 VOCs 的废气，在接触器或换热器中与冷却水直接接触或换热，使气体温度降低，有毒蒸气冷凝转化为液态，冷凝液加以回收。在实际操作中，可和喷淋、吸附等工艺组成组合工艺，提高 VOCs 的处理效率。

采用冷凝法净化 VOCs 时，要获得高效率，需要给系统提供较高的压力和较低的温度，因此冷凝系统可以和压缩系统组合使用。在工程实际操作中，根据处理需要，常常采用多级冷凝串联。为了能够回收较纯的 VOCs 副产品，通常第一级冷凝温度设为 0 ℃，以去除气相中的水蒸气。采用该法净化 VOCs，运行成本较高，适用于回收高浓度和高沸点的 VOCs，回收效率一般在 80％～95％。

任务四 其他 VOCs 污染控制技术

2019 年 6 月 26 日，生态环境部发布了《重点行业挥发性有机物综合治理方案》（以下简称《方案》）。《方案》提出，VOCs 废气组分复杂，治理技术多样，适用性差异大，技术选择和系统匹配性要求高。我国 VOCs 治理市场起步较晚，准入门槛低，加之监管能力不足等，治污设施建设质量良莠不齐，应付治理、无效治理等现象突出。在一些地区，低温等离子、光催化、光氧化等低效技术应用甚至达 80%以上，治污效果差。一些企业由于设计不规范、系统不匹配等原因，即使选择了高效治理技术，也未取得预期治污效果。

《方案》提出"推进建设适宜高效的治污设施"的要求，预示着我国的 VOCs 治污设施将从之前的重点解决"有无问题"阶段向"规范化高质量"建设阶段发展，今后几年将是我国 VOCs 治理工作从发展阶段过渡到成熟阶段的关键时期。

一、焚烧法

高浓度 VOCs 废气，优先进行溶剂回收，难以回收的，宜采用高温焚烧、催化燃烧等技术。

燃烧是一种快速的氧化反应，并伴随着光和热的产生，使温度升高。VOCs 是可燃气体，在有氧气存在的条件下，当混合气体中 VOCs 达到一定浓度，通过燃烧，可以分解掉混合气体中可燃的 VOCs 有害成分。有机气态污染物燃烧氧化的结果，是生成了 CO_2 和 H_2O，虽然一般不能回收废气中的原有用物质，但可以回收燃烧产生的热量，常用于处理 VOCs、CO、恶臭、沥青烟、黑烟等，经常作为最终处理方法使用，放在废气净化系统的最后。

根据燃烧控制条件不同，可以把焚烧法分为三种：直接燃烧、热力燃烧和催化燃烧。

（一）直接燃烧

如果废气中可燃成分含量高，足以支持燃烧所需要的条件时，可以用燃烧器直接点火燃烧。在石油和化学工业中，主要靠火炬燃烧器来完成尾气的净化，装置如图 7-4 所示。

图 7-4 火炬燃烧器

（二）热力燃烧

当废气中可燃成分含量低，不能自己维持燃烧时，可以先通过燃烧其他燃料，获取维持燃烧所需的温度，再通入废气进行燃烧，称为热力燃烧或辅助燃烧。常用的辅助燃料有天然气、煤气、各种油类等。热力燃烧分为三步：①辅助燃料燃烧，提供必要的热量；②废气与燃烧高温烟气混合，加热废气至废气反应温度；③废气中的可燃成分氧化分解。如果废气含有足够的氧，应用一部分废气助燃辅助燃料，以降低辅助燃料的消耗。在供氧充分的情况下，反应温度、停留时间和湍流混合三个要素，即温度（temperature）、时间（time）、湍流（turbulent）的"三 T"条件，为热力燃烧完全的必要条件。热力燃烧可用于净化各种可燃气体。能否充分回收余热，往往决定该法的实用价值。热力燃烧的工艺流程如图 7-5 所示。

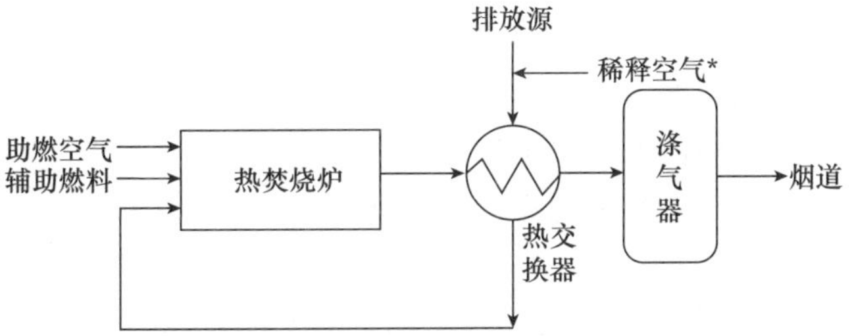

图 7-5 热力燃烧的工艺流程

（三）催化燃烧

为了降低燃烧温度，使燃烧能在低温条件下进行，可以加入适当催化剂，促使燃烧进行，称为催化燃烧。这种方法比直接燃烧用时更短，是高浓度、小流量有机废气净化的首选技术。

1.催化剂

催化燃烧常用的催化剂以贵金属 Pt、Pd 为主，但成本较高，也可采用其他类型催化剂。

2.工艺流程

催化燃烧的工艺流程如图 7-6 所示。首先气体经过预处理，为了避免催化床层堵塞或催化剂中毒，除去粉尘、液滴及有害成分。然后气体预热，达到起燃温度，燃烧后的气体回收热量后排放。

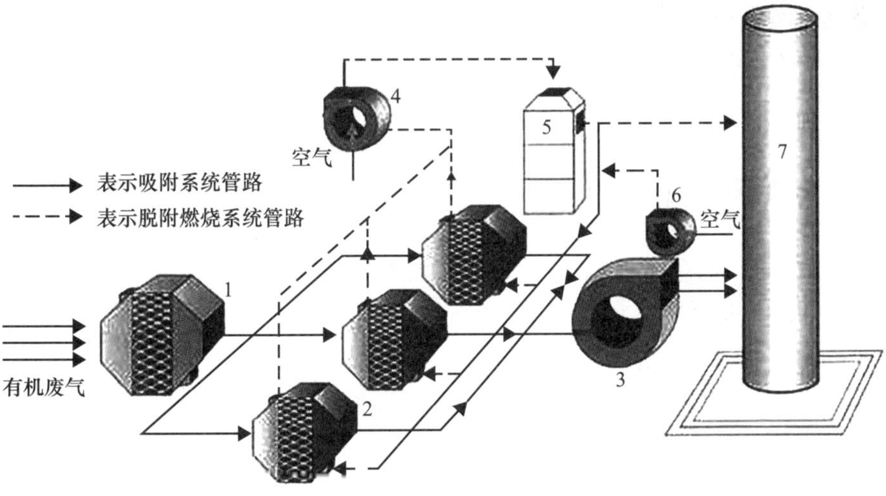

图 7-6 催化燃烧的工艺流程

1—预处理器；2—固定吸附床；3—主风机；4—脱附风机；5—催化燃烧床；6—补冷风机；7—烟筒

二、生物法

生物法净化 VOCs 废气是近年发展起来的空气污染控制技术，它比传统工艺投资少，运行费用低，操作简单，应用范围广，是最有望替代燃烧法和吸附净化法的新技术。从处理的基本原理上讲，采用生物处理方法处理有机废气，是使用微生物的生理过程把有机废气中的有害物质转化为简单的无机物，比如 CO_2、H_2O 和其他简单无机物等。这是一种无害的有机废气处理方式，主要适用于低浓度 VOCs 废气治理和恶臭异味治理。

生物法主要工艺有生物洗涤法、生物过滤法和生物滴滤法。不同成分、浓度及气量的气态污染物各有其有效的生物净化系统。生物洗涤塔适宜于处理净化气量较小、浓度大、易溶且生物代谢速率较低的废气；对于气量大、浓度低的废气，可采用生物过滤床；而对于负荷较高以及污染物降解后会生成酸性物质的，则以生物滴滤床为好。

一般情况下，一个完整的生物处理有机废气过程包括 3 个基本步骤：

(1)有机废气中的有机污染物首先与水接触，在水中可以迅速溶解；

(2)在液膜中溶解的有机物，在液态浓度低的情况下，可以逐步扩散到生物膜中，进而被附着在生物膜上的微生物吸收；

(3)被微生物吸收的有机废气，在其自身生理代谢过程中，将会被降解，最终转化为对环境没有损害的化合物质。

练习题

一、选择题

1.挥发性有机物产生的重要来源包括(　　)。

A.煤、石油和天然气

B.以煤、石油和天然气为燃料或原料的工业

C.与煤、石油和天然气有关的化学工业

D.以燃烧乙醇为动力的汽车

2.常用吸附净化设备包括(　　)。

A.固定床　　B.填料床

C.移动床　　D.流化床

3.根据吸附剂和吸附质之间发生吸附作用力的性质，通常可将吸附过程分为(　　)。

A.物理吸附　　B.化学吸附

C.生物吸附　　D.机械吸附

4.燃烧法净化有机烟气分为(　　)。

A.直接燃烧　　B.间接燃烧

C.热力燃烧　　D.催化燃烧

二、填空题

1.__________是工业企业 VOCs 整治的关键。

2.VOCs 的污染源分为__________和__________。

3.在实际吸附过程中，低温时主要以__________为主，高温时主要以__________

为主。

4.常用的再生方法包括____________、____________、____________、____________和____________。

5.燃烧的“三 T”条件指的是____________、____________和____________。

三、简答题

1.什么是 VOCs?

2.VOCs 有什么危害?

3.常用的吸附剂有哪些?

4.一般情况下,一个完整的生物处理有机废气过程有哪些基本步骤?

5.在你周围,有哪些 VOCs 污染源?可能会对你和你的家人造成什么伤害?市面上流传的解决办法是否有可行性?可采取哪些有效措施确保自己和家人免受其害?

项目八　净化系统技术

项目内容及要求：

为控制工业企业各类污染源对车间内空气和室外大气的污染，消除个别污染源无组织排放有害废气物质，降低废气污染物的净化处理难度，同时改善工作环境，必须采用各类集气装置把逸散到周围环境的污染空气收集起来，输送到净化装置中去，净化后的空气再通过抽吸，由排气筒排到室外。因此，需要采用合理的净化系统技术。

净化系统设计的主要内容包括污染物的捕集装置、净化设备、管道系统及烟囱排放四个部分。其中，主要是捕集装置（即集气罩）和管道系统的设计与维护。

知识目标：

1.了解集气罩的集气原理；

2.熟悉集气罩的基本类型；

3.了解管道系统压力损失计算；

4.熟悉管道系统布置及部件；

5.了解管道系统的保温、防腐和防爆。

能力目标：

1.会选择合适的集气罩；

2.会进行集气罩的简单设计；

3.会进行管道系统的简单设计；

4.能进行管道系统的日常维护。

任务一　集气罩的设计与维护

集气罩是从工作场所的气体中收集废气污染物的装置，可将含有污染物的有害气体导入净化系统，防止污染气体的扩散。由于绝大多数污染控制设施的投资和运行费用是与进入处理系统的总气量成正比的，在保证将其污染物尽可能抽尽的同时，减少处理气量就显得尤为重要。因此，好的集气罩设计应既能保护操作工人的呼吸基本不受污染物的影响，又能使他们靠近操作区域工作,同时还要减少所抽吸的气体体积流量。

一、集气罩的类型

集气罩分类的型式很多,据不完全统计,目前国内外已有十多种形状不同的集气罩,这些集气罩正广泛用于各生产部门和科研单位。按气流流动的方式分类,集气罩可分为吸气捕集装置和吹吸式捕集装置两大类;如果按捕集原理来分,可分为四种类型:密闭型、包围型、捕集型和诱导型。

1.密闭型

这种集气罩是完全密闭的,罩子把污染源局部或整体密闭起来,使污染物的扩散被限制在一个很小的密闭空间内,同时从罩内排出一定量的空气,使罩内保持一定的负压,罩外的空气经罩上的缝隙流入罩内,以防止污染物外逸。密闭罩的特点是所需排气量最小,控制效果最好,而且不受横向气流的干扰,如手套箱等,适于处理毒性较大的气态污染物,如放射性物质等。密闭罩的换气次数可达 20 次/h 以上,所排出的污染物必须经过高效过滤或净化处理才能排入大气。

2.包围型

包围型集气罩属于半密闭型。它不受周围气流的影响,对人体健康有一定的保护作用。把产生有害气体的工艺操作放在罩内进行,人在罩外操作。如化学实验室的通风柜就是此类集气罩的典型代表。一般电子厂、仪器厂、制药厂、食品厂使用此类集气罩较多,应用广泛。如按气流方向来分,通风柜又可分为水平式通风柜和垂直式通风柜。如按吸风口的位置来分,通风柜又可分为上吸式(图 8-1a)、下吸式(图 8-1b)以及上下联合抽气式(图 8-1c)等。

当柜内产生的气态污染物的温度较高或密度较小时适用于上吸式,密度比空气大且是冷源时适用于下吸式。开口倾斜式是下吸式的一种改进形式。上下联合抽气式可调节上下抽气量的比例,适合柜内产生各种不同密度的有害气体或有热源存在时采用。

有的通风柜结构更复杂一些,可在开口操作位置设喷射气流空气幕以提高吸气效果。由于各种通风柜都要进行抽气,柜内一般都是负压。

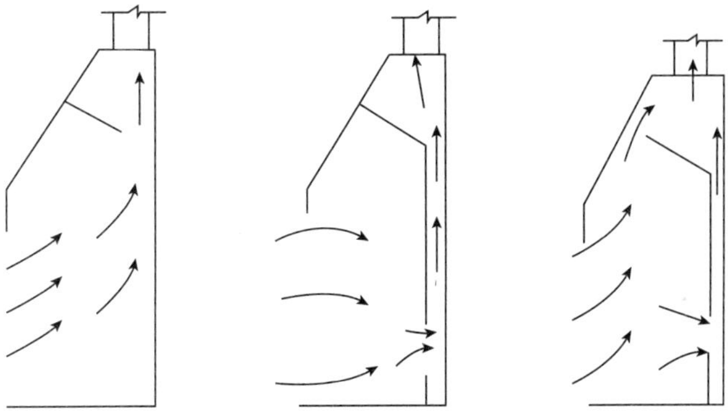

a.上吸式　　b.下吸式　　c.上下联合抽气式

图 8-1　通风柜

3.捕集型

当由于工艺条件限制，污染源设备较大，无法进行密闭时，只能在污染源附近设置集气罩，因此也叫外部集气罩。其原理是利用气态污染物本身运动的方向，如热气上升、粉尘飞散等，在污染物移动的方向等待并加以捕集。如伞形罩就是典型的代表。对散发热的设备采用伞形罩最为有利，多位于污染源上方，所以又叫上部集气罩（图 8-2a）。按其安装位置不同，还可有下部集气罩（图 8-2b）和侧集罩。为了能尽量捕集所散发的有害气体，必须使伞形罩底部尺寸大于污染物的发生源。在实际工程中，上部集气罩的应用很广泛。当污染源向下部抛射污染物，由于工艺操作上的限制在上部或侧面都不允许设置集气罩时，才采用下部集气罩，如木工车间加工木材的设备所用排气装置。

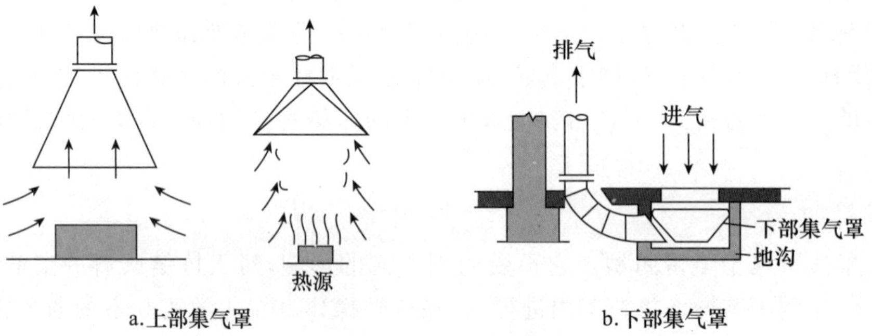

图 8-2　捕集型集气罩

4.诱导型

这种集气罩对于气态污染物的捕捉方向与污染物本身运动方向不一致，例如对各种工业槽设置的槽边集气罩，气态污染物由槽内向上运动，集气罩对污染物进行侧方诱导，让污染物沿侧向排出。这样既不影响工艺操作，有害物排出时又不经过人的呼吸区。但这时往往需要较大的排风量。槽边集气罩一般分为单侧和双侧（图 8-3），当槽子宽度大于 700mm 时一般采用双侧排风。

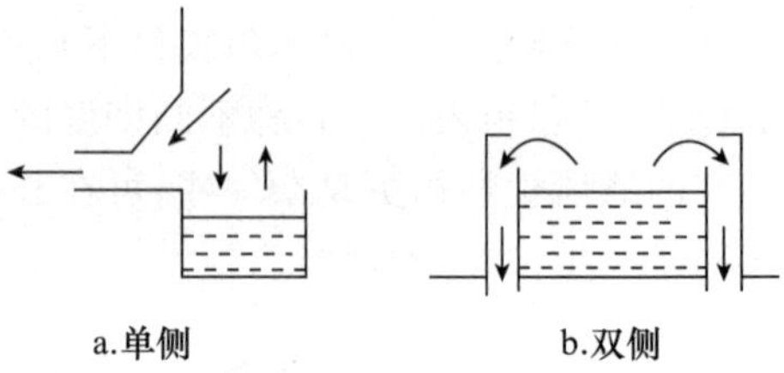

图 8-3　槽边集气罩

二、集气罩的性能参数及计算

集气罩的性能对排风系统的技术经济效果有很大影响。如果设计合理，用较小的排风量就能获得良好的效果。反之，用了很大的排风量也达不到预期的目的。设计集气罩需满足下列要求：

（1）了解工艺设备的结构和使用操作特点，在不妨碍生产操作以及对生产过程的观察、不妨碍设备检修的情况下，确定集气罩的类型和位置；

（2）研究并了解有害物的特点与散发情况，以最少的风量尽可能充分完善地收集所散发的有害物，而且需要的捕集装置少、阻力小；

（3）在任何情况下，被排出的气体都不应通过人的呼吸区；

(4)使用的材料要求来源广、价格低廉、易于加工制作，如排除有腐蚀性的气体，设备材料应防腐。

要同时满足这些要求往往是困难的。所以设计时必须根据生产设备的结构和操作的特点，进行具体分析，抓住主要矛盾给予解决。

设计步骤一般是先详细了解使用者的要求，然后深入实际进行调查。在调查的基础上确定集气罩的结构尺寸和安装位置，确定集气罩，最后计算压力损失。排气量和压力损失是集气罩的重要性能指标，其确定方法在下面简单介绍。设计的总原则是经济、合理、方便、美观。

1.结构尺寸的确定

集气罩的结构尺寸一般是按经验确定的。集气罩的吸风口大多为喇叭形，如图 8-4 所示。

罩口面积 F 与风管横断面积 f 的关系为：

$$F \leqslant 16f \quad 或 \quad D \leqslant 4d$$

喇叭口的长度 L 与风管直径 d 的关系为：

$$L \leqslant 3d$$

如使用矩形风管，矩形风管的边长 B(长边)为：

$$B = 1.13\sqrt{F}$$

各种集气罩的结构尺寸可从有关设计手册中查到，供设计时参考。在无参考尺寸时，可参照下列条件确定。

集气罩的罩口尺寸不应小于罩子所在位置的污染物扩散的断面面积。如果设集气罩联结风管的特征尺寸为 d(圆形为直径，矩形为短边)，污染源的特征尺寸为 E(圆形为直径，矩形为短边)，集气罩距污染源的垂直距离为 H，集气罩口的特征尺寸为 D(圆形为直径，矩形为短边)，则应满足 $d/E > 0.2$，$1.0 < D/E < 2.0$，$H/E < 0.7$(如影响操作可适当增大)。

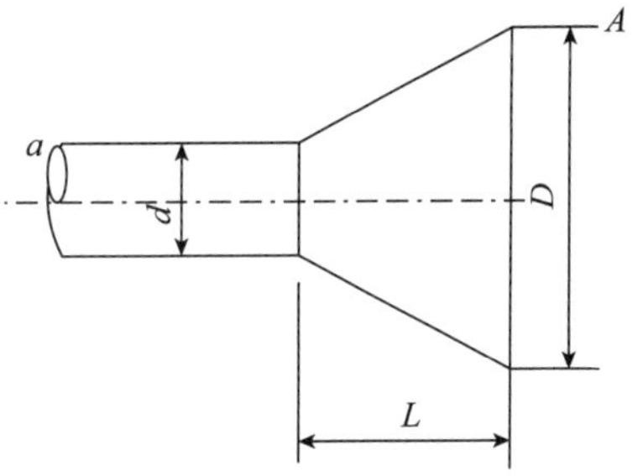

图 8-4 集气罩结构尺寸示意

2.排气量的计算

排气量的确定涉及控制速度。从污染源散发出来的污染物具有一定的扩散速度，当扩散速度减小到零时的位置称控制点。只有控制点的污染物才容易被吸走。集气罩在控制点所造成的能吸走污染物的最小气速称为控制速度。其值的大小与工艺过程和室内气流运动情况有关，一般通过实测求得。如缺乏现场实测数据，可参考有关设计手册的经验数值。通常使用的通风柜属于半密闭型，其排气量 Q(m^3/h)可通过下式进行计算。

$$Q = 3\ 600FV\beta$$

式中，F——操作口实际开启面积，m^2；

V——操作口处空气吸入速度，m/s，可按表 8-1 选取；

β——安全系数，一般取 1.05～1.1。

表 8-1 按有害物质散发条件选择的吸入速度

有害物质散发条件	举例	最小吸入速度/(m/s)
以轻微的速度散发到几乎是静止的空气中	蒸汽的蒸发，气体或烟从敞口容器中外逸	0.25～0.5
以较低的速度散发到较平静的空气中	喷漆室内喷漆，断续地倾倒有尘屑的干物料到容器中，焊接	0.5～1.0
以相当大的速度散发到空气运动迅速的区域	翻砂、脱模高速(大于 1 m/s)皮带运输机的转运点、混合、袋装或装箱	1.0～2.5
以高速散发到空气运动很迅速的区城	磨床，重破碎，在岩石表面工作	2.5～10

注：在室内气流很小或者对吸入有利，污染物毒性很低或者仅是一般的粉尘，间断性生产或产量低，大型罩-吸入大量气流等情况下，按表 8-1 取下限。

在室内气流搅动很大，污染物的毒性高，连续性生产或产量高，小型罩-仅局部控制等情况下，按表 8-1 取上限。

3.压力损失的计算

集气罩的压力损失 ΔP 一般用压力损失系数 ξ 与直管中的动压 p_v 的乘积来表示，ξ 值可从有关设计手册中查表得到。如果查不到 ξ，也可以通过流量系数 φ 计算出来。ξ 和 φ 的关系为：

$$\varphi=\frac{1}{\sqrt{1+\xi}}$$

对于结构形状一定的集气罩，ξ 和 φ 皆为常数。动压 p_v 与流速 v 有关。

$$p_v=\frac{\rho v^2}{2g}\approx\left(\frac{v}{4.04}\right)^2$$

式中，ρ——气体密度，kg/m^3；

ξ——压力损失系数；

φ——流量系数；

p_v——集气罩连接直管中测试断面的气体动压，Pa；

v——连接直管中气流速度，m/s。

集气罩的性能一般指排气量、压力损失、尺寸和材料消耗等。对一个确定的污染源，在控制污染物外逸的效果相同的条件下，排气量小、压力损失小、尺寸小、材料消耗量小的集气罩的性能好。

任务二　管道系统的设计与维护

一、管道系统的设计

管道设计应在保证使用效果的前提下使管道系统投资和运行费用最低。管道系统设计计算的任务主要是确定管道的位置、选择断面尺寸并计算风道的压力损失，以便根据系统的总风量和总阻力选择适当的风机和电机。

管道系统设计应用较多的是流速控制法，也称比摩阻法，该方法一般按以下步骤进行：

(1)绘制管道系统的轴侧投影图，对各管段进行编号，标注长度和流量，管段长度一般按两管件中心线之间的长度计算，不扣除管件(如三通、弯头)本身的长度；

(2)选择合适的气体流速，使其技术经济合理，即使得系统的造价和运行费用的总和最经济；

(3)根据各管段的风量和选定的流速确定各管段的断面尺寸，并按国家规定的统一规格进行圆整，选取标准管径；

(4)确定系统最不利环路，即最远或局部阻力最大的环路，也是压损最大的管路，计算该管段总压损，并作为管段系统的总压损；

(5)对并联管路进行压损平衡计算，两支管的压损差相对值，对除尘系统应小于 10%，其他系统可小于 15%；

(6)根据系统的总流量和总压损选择合适的风机和电机。

1.管径的选择

风管内气体流速对通风系统的经济性有较大影响。流速高，风管断面小，材料消耗少，建造费用小；但是系统阻力大，动力消耗大，运行费用增加。流速低，阻力小，动力消耗少；但是风管断面大，材料和建造费用大，风管占用的空间也会增大。对除尘系统来说，流速过低又会使粉尘沉积堵塞管道，表 8-2 为工业通风管道内的风速。

表 8-2　工业通风管道内的风速　　m/s

风道部位	钢板和塑料风道	砖和混凝土风道
干管	6～14	4～12
支管	2～8	2～6

在进行管道系统设计时，必须通过全面的技术经济比较，选定适当的流速，使投资和运行费用的总和为最小。根据经验总结，要求管道内的风速控制在一定范围内，在已知流量和确定流速以后，管道断面尺寸可按下式计算：

$$D=\sqrt{\frac{4Q}{\pi v}}$$

式中，D——管道直径，m；

Q——体积流量，m^3/s；

v——管内流体的平均流速，m/s。

计算出的管径应按统一规格进行圆整。

2.管道内气体流动的压力损失

按照流体力学原理，流体在流动过程中，由于阻力的作用产生压力损失。阻力根据产生的原因不同，可分为沿程阻力和局部阻力。沿程阻力是流体在直管中流动时，由于流体的黏性和流体质点之间或流体与管壁之间的互相位移产生摩擦而引起的压力损失。它是伴随着流体的流动在整个流动路程上出现的，所以称沿程阻力，也称摩擦阻力。局部阻力是流体流经管道中某些管件(如三通、阀门、管道出入口及流量计等)或设备时,由于流速的方向和大小发生变化产生涡流而造成的阻力。

(1)沿程阻力的计算

空气在任何横断面形状不变的管道内流动时,摩擦阻力 Δp_1 (Pa)可按下式计算:

$$\Delta p_1 = \lambda \frac{l}{4R_s} \frac{v^2 \rho}{2}$$

式中,λ——摩擦阻力系数;

v——风管内空气的平均流速,m/s;

ρ——空气的密度,kg/m^3;

l——风管长度,m;

R_s——风管的水力半径,m。

水力半径 R_s 可按下式计算:$R_s = \frac{A}{P}$

式中,A——管道中充满流体部分的横断面积,m^2;

P——润湿周边,在通风系统中,即风管的周长,m。

(2)局部阻力的计算

流体流过异型管件或设备时,由于流动情况发生变化使流动阻力增加,这种阻力称局部阻力。克服局部阻力而引起的能量损失称局部压力损失,简称局部损失。局部阻力 Δp_m 可按下式计算:

$$\Delta p_m = \zeta \frac{v^2 \rho}{2}$$

式中,ζ 为局部阻力系数,是一个无因次数;v 为断面平均流速,m/s。局部阻力系数通常是用实验方法确定的。实验时先测出管件前后的全压差(即测得局部阻力损失),再除以与速度 v 相应的动压 $\frac{v^2 \rho}{2}$,即可求出 ζ 值。

3.风机和电机的选择

(1)风机的选择

根据通风机的作用原理,风机可分为离心式、轴流式和贯流式三种。贯流式风机目前仅用于设备产品中,如风机盘管、风幕等。在通风工程中常用的是离心式和轴流式风机。根据用途不同,风机又可分为输送一般气体的风机、高温风机、防爆风机、防腐风机、耐磨风机等。离心风机按其压力又可分为高压风机、中压风机、低压风机。

选择风机时应注意下面几个问题。①根据输送气体的性质,确定风机的类型。例如,输送清洁空气,可选择一般通风换气用的风机;输送腐蚀性气体,要选用防腐风机;输送易燃气体或含尘气体,要选用防爆风机或排尘风机。②根据所需风量、风压或选定的风机类型,确定风机的机号。为了便于接管和安装,还要考虑合适的风机出口方向和传动方式。③考虑到管道可能漏风,有些阻力计算不够完善,选用风机的风量和风压应大于通风系统计算的风量和风压。

风量　$Q_0 = K_Q \cdot Q$

风压　$\Delta P_0 = K_p \cdot \Delta P$

式中,Q_0,ΔP_0——选择风机用的风量、风压;

Q，ΔP——通风系统计算的风量、风压；

K_Q——风量附加安全系数，一般管道系统为1～1.1，除尘系统选择1.1～1.15；

K_P——风压附加安全系数，一般管道系统为1.1～1.15，除尘系统选择1.15～1.2。

(2)电机的选择

所需电机功率N_e(kW)可按下式计算：

$$N_e=\frac{Q_0\Delta p_0 K}{3\ 600\times 1\ 000\eta_1\eta_2}$$

式中，Q_0——风机的总风量，m^3/h；

ΔP_0——风机的风压，Pa；

K——电动机备用系数，对于通风机，电动机功率为2～5 kW时取1.2，大于5 kW时取1.3；对于引风机，取1.3；

η_1——通风机分压效率，可从通风机样本中查得，一般为0.5～0.7；

η_2——机械传动效率，对于直联传动为1，联轴器直联传动为0.98，三角皮带传动(滚动轴承)为0.95。

电机的选择应注意以下问题：

① 必须满足生产机械的要求，如速度、加速度、起动、过载能力及调速特性等；

② 按技术经济合理原则选择电机的电压、电流种类、电机类型及结构形式(包括冷却方式)，以保证运行可靠；

③ 有适当的备用余量，负荷率一般取0.8～0.9；

④ 电机的结构形式必须满足使用场所的环境条件，如按温度、湿度、灰尘、雨水、瓦斯及腐蚀和易燃易爆气体等考虑必要的保护方式。

二、管道系统的布置及维护

1.管道布置的一般原则

管道的布置关系到整个系统的整体布局，合理设计、施工和使用管道系统，不仅能充分发挥控制系统的作用，而且直接关系到设计和运转的经济合理性。

在大气污染控制过程中，管道输送的介质可能是各种各样的，像含尘气体、各种有害气体、各种蒸汽等。对这些不同的介质，在设计管道时应考虑其特殊要求，但就其共性来说，作为管道布置的一般原则应注意以下几点：

(1)布置管道时应对所有管线通盘考虑，统一布置，尽量少占有用空间，力求简单、紧凑、平整、美观，而且安装、操作和检修要方便。

(2)划分系统时，要考虑排送气体的性质。可以把几个排气罩集中成一个系统进行排放。但是如果污染物混合后可能引起燃烧或爆炸，则不能合并成一个系统。不同温度和湿度的含尘气体，混合后可能引起管内结露时也不能合成一个系统。只含有热量、蒸汽，无爆炸危险的有害物的气体，可合并为一个系统。

(3)管道布置力求顺直、减少阻力。一般圆形风道强度大、耗用材料少，但占用空间大。矩形风道管件占用空间小、易布置。为利用建筑空间，也可制成其他形状。管道敷设应尽量明装，不宜明装时采用暗装。

(4)管道应尽量集中排列，平行敷设，并尽量沿墙或柱子敷设，管径大的和保温管应设在靠墙侧。管道与梁、柱、墙、设备及管道之间应有一定的距离，以满足施工、运行、检修和热胀冷缩的要求。各种管件应避免直接连接。

(5)管道应尽量避免遮挡室内光线和妨碍门窗的启闭，不应影响正常的生产操作。

(6)输送剧毒物的风管不允许是正压，此风管也不允许穿过其他房间。

(7)水平管道应有一定的坡度，以便放气、放水、疏水和防止积尘，一般坡度为0.002～0.005。

(8)管道与阀门的重量不宜支承在设备上，应设支架、吊架。保温管道的支架应设管托。焊缝不得位于支架处，焊缝与支架的距离不应小于管径，至少不小于200 mm。管道焊缝的位置应在施工方便和受力小的地方。

(9)确定排气口位置时，要考虑排出气体对周围环境的影响。对含尘和含毒的排气，即使经净化处理后，仍应尽量在高处排放。通常排出口应高于周围建筑2～4 m。为保证排出气体能在大气中充分扩散和稀释，排气口可装设锥形风帽，或者辅以阻止雨水进入的措施。

(10)风管上应设置必要的调节和测量装置(如阀门、压力表、温度计、风量测量孔和采样孔等)，或者预留安装测量装置的接口。调节和测量装置应设在便于操作和观察的位置。

(11)管道设计中既要考虑便于施工，又要保证严密不漏。整个系统要求漏损小，以保证吸风口有足够的风量。

2.管道和部件

(1)管道材料和连接

管道材料：砖、混凝土、钢板、木板、硬聚氯乙烯等；

管道断面形状选择：圆形或矩形；

管道连接：焊接或法兰；

排气筒设置：一般应高出周围建筑物3 m。

(2)管道系统部件

异形管件：弯头、三通和变径管等，阀门、测孔、清灰孔、检修平台，管道加固筋、管道支架、吊架等。

3.管道热补偿

管道热伸长计算：$\Delta l=\alpha(t_1-t_2)l$；

管道热补偿装置：柔性材料套管式补偿器和波形补偿器。

4.管道的维护

(1)管道系统保温

保温材料选择：材料绝热性能好、导热系数低、具有较高的耐热性、材料空隙大、密度小、具有一定的机械强度、吸收率低、不腐蚀金属等。

(2)管道系统防腐

管道系统防腐主要采用防腐涂料和防腐材料。

(3)管道系统防爆

加强可燃物浓度的检测和控制；消除火源；采用阻火与泄爆措施；确保设备密闭和厂房通风。

练习题

一、填空题

1.按气流流动的方式分类，集气罩可分为________捕集装置和________捕集装置两大类；如果按捕集原理来分，可分为四种类型：________、________、________和诱导型。

2.集气罩的设计主要包含________、________以及________的计算。

3.在管道系统的设计中，管道管径的选择采用的公式是____________。

4.管道的维护主要包括：管道的________、________以及________。

二、计算题

1.有一元件酸洗槽，槽子的尺寸为长×宽=1.0 m×0.8 m，伞形罩外形尺寸比槽子每边长0.2 m，即长×宽=1.4 m×1.2 m，从槽边到伞形罩罩口的垂直距离 0.7 m，试求伞形罩的排气量。如果伞形罩的长度 $L=0.9$ m，试确定罩子的阻力损失。

2.某有色冶炼车间除尘系统管道布置如图 8-5 所示。系统内的气体平均温度为 20 ℃，钢板的粗糙度为 $K=0.15$ mm，气体含尘浓度为 10 g/m^3，所选除尘器压力损失为 981 Pa。集气罩 1 和 2 局部压力损失系数为 $\zeta_1=0.12$，$\zeta_2=0.19$，集气罩排风量分别为 $Q_1=4\ 950$ m^3/h，$Q_2=3\ 120$ m^3/h。请确定该系统的管道直径和压力损失，并选择风机。

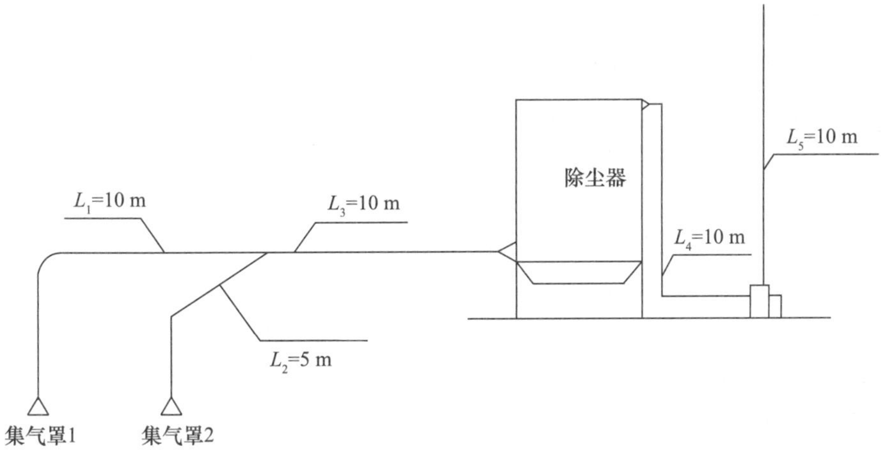

图 8-5 某有色冶炼车间除尘系统管道布置

三、简答题

1.简述集气罩的基本类型，并说明各自的优缺点。

2.密闭式集气罩的设计需要注意哪几个方面？

3.简述管道安装一般应具备的基本条件。

4.如何进行管道的设计计算？

参考文献

[1]冯丹.大气污染控制技术[M].北京:冶金工业出版社,2019.
[2]李广超.大气污染控制技术[M].2版.北京:化学工业出版社,2010.
[3]黄从国.大气污染控制技术[M].北京:化学工业出版社,2013.
[4]程艳坤,何晓云.大气污染控制技术[M].北京:化学工业出版社,2013.
[5]马建锋,李英柳.大气污染控制工程[M].北京:中国石化出版社,2013.
[6]姜成春.大气污染控制技术[M].2版.北京:中国环境出版社,2016.
[7]马云.有效控制大气污染的主流技术[M].北京:中国石化出版社,2019.
[8]马广大.大气污染控制技术手册[M].北京:化学工业出版社,2010.
[9]王怀宇,郭春明.大气污染控制技术[M].2版.北京:中国劳动社会保障出版社,2019.
[10]吴忠标.大气污染控制工程[M].2版.北京:科学出版社,2021.
[11]王家德,成卓韦.大气污染控制工程[M].北京:化学工业出版社,2019.
[12]郝吉明,马广大,王书肖.大气污染控制工程[M].3版.北京:高等教育出版社,2010.
[13]刘立忠.大气污染控制工程[M].北京:中国建材工业出版社,2015.
[14]江晶.大气污染治理技术与设备[M].北京:冶金工业出版社,2018.
[15]刘景良.大气污染控制工程[M].2版.北京:中国轻工业出版社,2012.
[16]童志权.大气污染控制工程[M].北京:机械工业出版社,2006.
[17]李俊华,杨恂,常化振.烟气催化脱硝关键技术研发及应用[M].北京:科学出版社,2015.
[18]朱芬芬.生活垃圾焚烧飞灰中典型污染物控制技术[M].北京:化学工业出版社,2019.
[19]李俊华,姚群,朱廷钰.工业烟气多污染物深度治理技术及工程应用[M].北京:科学出版社,2019.
[20]袁杰.中华人民共和国大气污染防治法解读[M].北京:中国法制出版社,2015.